Proposições Epistemológicas, Curriculares e Metodológicas de Grupos de Estudo e Pesquisa em Ensino de Ciências:

caminhos para a educação básica e o ensino superior

Geraldo Wellington Rocha Fernandes
Luciana Resende Allain
Organizadores

Proposições Epistemológicas, Curriculares e Metodológicas de Grupos de Estudo e Pesquisa em Ensino de Ciências:

caminhos para a educação básica e o ensino superior

2023

1ª Edição

Direção editorial: José Roberto Marinho

Capa: Fabrício Ribeiro
Projeto gráfico e diagramação: Fabrício Ribeiro

Edição revisada segundo o Novo Acordo Ortográfico da Língua Portuguesa

Dados Internacionais de Catalogação na publicação (CIP)
(Câmara Brasileira do Livro, SP, Brasil)

Proposições epistemológicas, curriculares e metodológicas de grupos de estudo e pesquisa em ensino de ciências : caminhos para a educação básica e o ensino superior / organização Geraldo Wellington Rocha Fernandes, Luciana Resende Allain. – São Paulo: Livraria da Física, 2023.

Vários autores.
Bibliografia.
ISBN 978-65-5563-360-3

1. Artigos científicos - Coletâneas 2. Ciências - Estudo e ensino 3. Ensino - Metodologia 4. Epistemologia 5. Interdisciplinaridade na educação 6. Produção científica I. Fernandes, Geraldo Wellington Rocha. II. Allain, Luciana Resende.

23-167555 CDD-507

Índices para catálogo sistemático:
1. Ciências: Ensino 507

Eliane de Freitas Leite - Bibliotecária - CRB 8/8415

Editora Livraria da Física
www.livrariadafisica.com.br
www.lfeditorial.com.br
(11) 3815-8688 | Loja do Instituto de Física da USP
(11) 3936-3413 | Editora

ORGANIZADORES

Geraldo Wellington Rocha Fernandes
Luciana Resende Allain

AUTORAS(ES)

Aline de Souza Janerine
Amanaíra Miranda Norões
Ana Paula Solino
Anielli Fabiula Gavioli Lemes
Bárbara Silva Vicentini
Carlos A. dos Santos Batista
Cleci Teresinha Werner da Rosa
Danilo Lopes Santos
Eliane Ferreira de Sá
Elisa Prestes Massena
Fábio Augusto Rodrigues e Silva
Geraldo W. Rocha Fernandes
Graziela Piccoli Richetti
Idener Luana Moura
Júlio César Alves Andrade
Luana Pereira Leite Schetino
Luciana Resende Allain
Luiz Marcelo Darroz
Maíra Figueiredo Goulart
Marcelo Lambach
Maria do Carmo Galiazzi
Marina de Lima Tavares
Maxwell Siqueira
Nancy Rosa Alba Niezwida
Nilma Soares da Silva
Percy Fernandes Maciel Jr
Polliane Santos de Sousa
Raquel Gonçalves de Sousa
Robson Simplicio de Sousa
Sara Souza Pimenta
Simoni Tormohlen Gehlen

Sumário

Apresentação 9

Preâmbulo: Ainda se discute sobre "como fazer com que a pesquisa em Ensino de Ciências chegue às escolas?" 11

Geraldo W. Rocha Fernandes

Alfabetização Científica e Tecnológica e a caixa preta da dimensão Tecnológica 25

Graziela Piccoli Richetti | Nancy Rosa Alba Niezwida

Bases epistemológicas de um grupo de pesquisa para o desenvolvimento da cultura *maker* no Ensino de Ciências 41

Percy Fernandes Maciel Jr | Marcelo Lambach |Nancy Rosa Alba Niezwida

Cartografias de controvérsias mapeadas pelo grupo de estudos em Teoria Ator-Rede e Educação: o caso da dengue 55

Idener Luana Moura | Bárbara Silva Vicentini | Luana Pereira Leite Schetino | Luciana Resende Allain

A existência e resistência do Grupo de Pesquisa CONECTAR na produção de estudos ator-rede 69

Raquel Gonçalves de Sousa | Fábio Augusto Rodrigues e Silva

O trilhar filosófico de uma comunidade de pesquisa em Educação em Ciências na fenomenologia e na hermenêutica 89

Robson Simplicio de Sousa | Maria do Carmo Galiazzi

Metacognição na Educação Científica: relato de ações de um grupo de pesquisa 103

Cleci Teresinha Werner da Rosa | Luiz Marcelo Darroz

O Ensino por Investigação nas pesquisas do Promestre/ FaE/ UFMG.... 117
Nilma Soares da Silva | Eliane Ferreira de Sá | Marina de Lima Tavares

A prática interdisciplinar no Ensino de Ciências: reflexões de um grupo de pesquisa sobre as potencialidades e desafios para o seu desenvolvimento na educação brasileira.. 139
Danilo Lopes Santos Solino | Aline de Souza Janerine | Geraldo Wellington R. Fernandes

Cenário Integrador: reconfiguração curricular na Educação em Ciências.... 153
Sara Souza Pimenta | Elisa Prestes Massena

A Realba como possibilidade de consolidação da Pesquisa sobre Abordagem Temática Freireana na Educação em Ciências...................... 163
Simoni Tormohlen Gehlen | Ana Paula Solino | Polliane Santos de Sousa

As potencialidades da Permacultura para a Educação Científica e Tecnológica na Educação do Campo em meio aos controversos Objetivos do Desenvolvimento Sustentável 183
Amanaíra Miranda Norões | Júlio César Alves Andrade | Maíra Figueiredo Goulart | Anielli Fabiula Gavioli Lemes | Luciana Resende Allain

Fundamentos da Metodologia de Pesquisa DBR-TLS: contribuições sobre a inserção da Física Moderna e Contemporânea no ensino médio de Física.... 197
Carlos Alexandre dos Santos Batista | Maxwell Siqueira

Sobre os Organizadores.. 213

Apresentação

ESTE LIVRO tem como objetivo disseminar os principais estudos e reflexões realizados por grupos de estudos e pesquisas em Ensino de Ciências no Brasil. Seu propósito principal é refletir sobre como aplicar os resultados das pesquisas e o conhecimento produzido na área de Ensino de Ciências no contexto escolar.

Esta proposta foi financiada pelo Universal CNPq, aprovada na chamada CNPq/MCTI/FNDCT nº 18/2021, processo nº 408143/2021-5 e pela FAPEMIG, chamada 001/2018 – Demanda Universal, processo nº APQ-00041-18. Os organizares deste livro fazem parte do Grupo de Estudos e Pesquisas em Abordagens e Metodologias de Ensino de Ciências (GEPAMEC), da Universidade Federal dos Vales do Jequitinhonha e Mucuri (UFVJM), MG, que discutem as bases teórico-metodológicas propostas neste livro.

Os textos presentes no livro abordam uma variedade de temas, incluindo propostas de recursos didáticos, metodologias e abordagens não tradicionais, reflexões teóricas e análises epistemológicas e teórico-metodológicas de diferentes referenciais.

Os autores compartilham os resultados de suas investigações e reflexões realizadas em diferentes linhas de pesquisa em Ensino de Ciências, conduzidas por professores e estudantes de cursos de licenciatura e programas de pós-graduação. O livro busca responder à pergunta: *O que está sendo pesquisado, discutido e refletido em alguns grupos de estudo e pesquisa em Ensino de Ciências?* Para abordar essa questão, são apresentadas discussões atuais que têm ganhado relevância na Educação Científica e Tecnológica, como: a Alfabetização Científica e Tecnológica; a pesquisa na Fenomenologia e na Hermenêutica no contexto da Análise Textual Discursiva; a Metacognição; a epistemologia de Fleck e a cultura *maker*; a Teoria Ator-Rede de Latour; a Divulgação Científica; a Reconfiguração Curricular nas perspectivas da Interdisciplinaridade e Práticas Interdisciplinares, do Cenário Integrador e da Abordagem Temática Freireana; a Educação do Campo; a Pesquisa Baseada em *Design*/Projeto e o Ensino por Investigação.

Ao planejar esta obra, pareceu-nos uma boa oportunidade colocar em perspectiva algumas temáticas discutidas por diferentes grupos de pesquisa, que por vezes são mal compreendidas pelos licenciandos, professores da educação básica e outros pesquisadores. Não se trata, contudo, de um trabalho de investigação, mas de uma tentativa de tornar amplamente disponíveis os principais estudos e reflexões, e, antes de tudo, responder aos questionamentos de professores(as) e licenciandos(as) sobre como transpor para o contexto escolar os principais resultados e o que se tem pesquisado e produzido no Ensino de Ciências.

Os textos que constituem os capítulos deste livro foram escritos para outros pesquisadores, licenciandos, pós-graduandos e professores de Ciências da Natureza e servem apenas como material de apoio. Tais textos são indicações e orientações, a partir das temáticas e linhas de pesquisa consolidadas na literatura, nos diferentes grupos de estudo e na experiência dos autores desta obra. Por isso não existe uma preocupação em aprofundar a produção teórica e acadêmica sobre todas as linhas de investigações produzidas nos diversos grupos de estudos e pesquisas no Brasil.

Esperamos que este material possa auxiliar as(os) pesquisadoras(es), professoras(es), educadoras(es) e licenciandas(es) a desenvolverem um Ensino de Ciências mais próximo da realidade contemporânea que vivemos.

Bons estudos!

Os autores.

Preâmbulo: Ainda se discute sobre "como fazer com que a pesquisa em Ensino de Ciências chegue às escolas?"

Geraldo Wellington Rocha Fernandes[1]

Introdução

AS MUDANÇAS sociais, políticas e econômicas brasileiras, nas últimas décadas, repercutiram consideravelmente na Pesquisa, na Educação e no Ensino de Ciências (BAROLLI; VILLANI, 2015). Essas mudanças acabaram alavancando um conjunto de ações, debates e reflexões provenientes de Grupos de Estudos; Programas de Pós-graduações; Projetos de Pesquisa, Ensino e Extensão; Programas de Iniciação à Docência... sendo pensado para responder algumas questões: *Por que e para quem pesquisamos sobre o Ensino de Ciências? Como melhorar a qualidade do ensino, em especial, a do de Ciências? Como "alfabetizar" cientificamente cidadãos que fazem uso da ciência em seu cotidiano?* (NARDI, 2015) e *Como fazer com que a pesquisa em Ensino de Ciências chegue às escolas?*

Durante as décadas de 1950 e 1960, a pesquisa em Ensino de Ciências estava focada no uso dos laboratórios de Ciências e instrução-programada. Nos anos de 1970, começavam a surgir trabalhos sobre as concepções alternativas, espontâneas ou preconcepções, em que as pesquisas tentavam mostrar quais seriam os possíveis caminhos para superar os obstáculos para aprendizagem dos estudantes. Nesse período, o ensino teve uma influência preponderante do

1 Doutor em Ensino de Ciências e Professor do Programa em Educação em Ciências, Matemática e Tecnologia (PPGECMaT) pela Universidade Federal dos Vales do Jequitinhonha e Mucuri (UFVJM). Líder do Grupo de Estudos e Pesquisas em Abordagens e Metodologias de Ensino de Ciências (GEPAMEC). E-mail: geraldo.fernandes@ufvjm.edu.br

cognitivismo. Já na década de 1980 se intensificam as pesquisas em concepções alternativas, mas que deram lugar aos modelos mentais (representação mental) e à mudança conceitual que também esteve presente na década anterior, com o cognitivismo (construtivismo, principalmente) influenciando o ensino (KRASILCHIK, 1987). A pesquisa na década de 1990 passa a ter o seu foco no ensino-aprendizagem de Ciências e na formação do professor, o que, de certa forma, ainda está em pauta (ABRAPEC, 2023; OLIVEIRA *et al.*, 2021; SLONGO; LORENZETTI; GARVÃO, 2019).

Percebe-se que as tendências das pesquisas em Ensino Ciências foram se modificando, influenciadas por uma mudança sociopolítica mundial e/ou nacional (NARDI, 2015; OLIVEIRA *et al.*, 2021), que se concretizou em novas proposições curriculares, diretrizes de formação de professores, ampliação da pós-graduação em Ensino de Ciências, surgimento de temas de pesquisa, além de certa adesão da comunidade de pesquisadores a avançarem com os novos focos e a declinarem de outros temas pesquisados. No entanto, a produção de conhecimento da área esteve sempre buscando respostas às perguntas sobre ensino, aprendizagem, currículo, contexto educativo e formação de professores, dando origem a diversas linhas de pesquisas (ABRAPEC, 2023; DELIZOICOV, 2004, 2005; OLIVEIRA *et al.*, 2021; SLONGO; LORENZETTI; GARVÃO, 2019).

Na última década, houve um grande avanço das pesquisas desenvolvidas por diferentes grupos de estudo e programas de pós-graduação sobre o Ensino de Ciências no Brasil. Os Mestrados Profissionais começaram a ter relevância e mesmo a partir de pontos controversos (REZENDE; OSTERMANN, 2015) buscam desenvolver e aplicar os seus resultados e produtos educacionais em sala de aula no sentido de compreender os problemas relativos ao ensino das Ciências da Natureza no espaço escolar para tentar, de certa maneira, resolvê-los. Também houve um crescimento significativo na existência de um sistema de divulgação de pesquisas, produtos educacionais e processos que são difundidos em periódicos, eventos, dissertações, teses, programas de pós-graduação, publicações, projetos, grupos de pesquisa etc. (DELIZOICOV, 2004, 2005; NARDI, 2015; SANTOS; OSTERMANN, 2005; SLONGO; LORENZETTI; GARVÃO, 2019).

Diante de tais questões, a nossa discussão se restringirá em torno dos aspectos referentes às dificuldades e possíveis soluções de fazer com que os resultados cheguem às escolas e aos temas que estão sendo pesquisados para serem desenvolvidos no ensino básico e na formação de professores. Estamos conscientes de que, ao sistematizarmos os pressupostos teóricos e metodológicos da pesquisa em Ensino de Ciências, correremos o risco de perder o rigor teórico, porém sabemos que dentro da discussão que propomos se podem distinguir várias ideias, reflexões, discussões e proposições, uma vez que o assunto é atual e não está esgotado.

Percepções de alguns pesquisadores sobre a pesquisa em Ensino de Ciências

No final da década de 1990 e durante os anos 2000, alguns pesquisadores registraram suas impressões sobre a pesquisa aplicada em Ensino de Ciências. Rosa (1999) sugeria o desenvolvimento de estudos que nos indicassem quais conhecimentos que a pesquisa em Ensino de Ciências conseguiria gerar até o momento e que pudessem ser traduzidos na forma de instruções para o ensino das diversas Ciências. Já Moreira (2000) alertava que não se podia esperar que a pesquisa em Ensino de Ciências da Natureza, entre elas a de Física, apontasse soluções milagrosas, capaz de resolver todos os problemas do ensino em sala de aula, alegando que boa parte da pesquisa em Ensino é básica e não visa aplicabilidade imediata em sala de aula. A análise de Delizoicov (2004) continua atual, pois nos mostra que a divulgação dos resultados entre os pares de pesquisadores tem sido considerada satisfatória, dado o número de congressos, de revistas para publicação e de citações utilizadas. No entanto, apesar dos avanços obtidos nas instituições universitárias, onde há grupos de pesquisa, programas governamentais em Ensino de Ciências, cursos de pós-graduação e o relativo sucesso alcançado por algumas iniciativas desses grupos junto aos professores, ainda persiste certa dificuldade de aproximação entre a pesquisa em Ensino de Ciências e o ensino de Ciências.

Atualmente, é perceptível que existe uma disputa, talvez inconsciente, entre pesquisadores, docentes e comunidade escolar em relação à apropriação, à reconstrução e ao debate sistemático dos resultados de pesquisa na sala de aula e na prática dos professores dos três níveis de ensino. Os resultados de algumas pesquisas tentam avançar no interior das escolas, principalmente pelos pesquisadores-professores que se dispõem a aplicar produtos e processos para verificar seus efeitos, além dos programas institucionais de formação docente, como o Programa Institucional de Bolsas de Iniciação à Docência (PIBID) e o Residência Pedagógica (PRP), que recebem o apoio de docentes da educação básica, os chamados supervisores e preceptores. Nas reflexões atuais (BAROLLI; VILLANI, 2015, 2015; NARDI, 2015; OLIVEIRA *et al.*, 2021), destacamos pontos que devem ser levados em consideração, como a definição de critérios que permitam ao docente avaliar a utilidade e o possível impacto da pesquisa na melhoria da qualidade do processo de ensino e aprendizagem e o preconceito, por parte dos não pesquisadores em Ensino de Ciências, contra qualquer mudança substancial no ensino e na prática pedagógica.

O nosso Grupo de Estudos e Pesquisas em Metodologias e Abordagens em Ensino de Ciências (GEPAMEC), da Universidade Federal dos Vales do Jequitinhonha (UFVJM), MG, percebe que os licenciandos têm uma dificuldade de compreender que também se faz pesquisa em Ensino. A visão positivista é a predominante, e que são dados valores para as pesquisas internalistas, com posturas determinista e instrumentalista da Ciência. Para diminuir essas posturas da pesquisa em Educação em Ciências, o GEPAMEC publica dois livros com a intenção de desenvolver a pesquisa aplicada: *Metodologias e Abordagens Diferenciadas em Ensino de Ciências* (FERNANDES; ALLAIN; DIAS, 2022) e *Metodologias e Estratégias Ativas: um encontro com o ensino de Ciências* (FERNANDES; MARIANO; SCHETINO; ALLAIN, 2021). A partir da associação entre teoria e prática, o Grupo busca colocar em ação, no contexto escolar, o que se discute em termos de pesquisa aplicada e diminuir o distanciamento da visão positivista das pesquisas em Ciências da Natureza.

Por que é difícil fazer com que a pesquisa em Ensino de Ciências chegue às escolas?

Apesar do crescimento dos mestrados profissionais em Ensino de Ciências e Matemática (NARDI, 2015; VILLANI *et al.*, 2017), dos programas governamentais de formação docente e de uma infinidade de periódicos e eventos em Ensino de Ciências (OLIVEIRA *et al.*, 2021) que divulgam a pesquisa aplicada em contexto escolar, ainda encontramos algumas barreiras para que a pesquisa em Educação Científica chegue às escolas. Uma tentativa de responder a essa indagação é iniciada por Carvalho (2002) e que merece ser resgatada. Para ela, as pesquisas sobre a escola e sobre a reflexão dos professores, ao contrário, são realizadas por mestrandos e doutorandos, e assim a sua divulgação se dá nos encontros, congressos e simpósios organizados pelas sociedades científicas, e os resultados são publicados primeiramente nos anais de congressos, depois de uma revisão, em revistas especializadas e após algumas modificações são transformados em livros, quase sempre dirigidos a outros pesquisadores. Mesmo com a crescente produção da pesquisa em Ensino de Ciências e apesar da ampliação do número de experiências que incorporam os seus resultados no campo educacional, também resgatamos Marandino (2003), que nos lembra que tais resultados ainda encontram resistências à sua aplicação na prática pedagógica concreta dos professores, visto que ainda é marcada por perspectivas tradicionais de ensino e aprendizagem, seja por motivos políticos e econômicos da própria educação, seja por problemas na própria formação do professor de Ciências. Nesse sentido, Santos e Ostermann (2005) nos indicam que o contato do professor com as inúmeras propostas de recursos didáticos, estratégias de ensino, produtos, processos e metodologias inovadoras poderia ser um passo importante para melhorar sua prática, entretanto, esse contato não é suficiente, dada a desconsideração do contexto escolar, a presença de um currículo conservador e tradicional e das condições de trabalho de professores.

Quais as possíveis soluções para que a pesquisa em Ensino de Ciências chegue às escolas?

Para dar conta de responder esta reflexão, inicialmente faz-se necessário identificar as pesquisas em Ensino de Ciências que estão sendo aplicadas em sala de aula e seus resultados e, a seguir, investigar os fatores que dificultam a aplicação desses resultados – indo além da constatação das dificuldades no que diz respeito à relação entre os resultados da pesquisa e o seu impacto no contexto escolar (REZENDE; OSTERMANN, 2015; SANTOS; OSTERMANN, 2005) –, tendo em vista fornecer subsídios para melhorar a relação pesquisa-prática e a prática pedagógica do professor. Para Delizoicov (2004), a solução estaria no uso dos resultados das pesquisas em EC pelos docentes universitários, a partir de seus grupos de estudos e pesquisas, nos cursos de licenciatura em Ciências da Natureza e seu impacto no ensino básico. Para isso, podemos olhar para os resultados de pesquisas que envolvem os Programas de Iniciação à Docência, como o PRP e o PIBID, fomentado pela Capes e Ministério da Educação. Também damos destaque aos programas profissionais em Ensino de Ciências e Matemática que buscam desenvolver produtos e processos possíveis de serem aplicados no contexto escolar (NARDI, 2015; REZENDE; OSTERMANN, 2015).

Nesse sentido, Santos e Ostermann (2005) e Rezende e Ostermann (2015) também apontam caminhos e alternativas para superar tal dificuldade: a) a necessidade de prover aos professores informação sobre "o que funciona na pesquisa", numa forma diretamente aplicável por eles nas escolas; e b) no lugar de publicar resultados de pesquisa, os autores busquem disponibilizar uma coleção de instrumentos e ferramentas utilizados pelos pesquisadores para que os professores possam coletar evidências da aprendizagem dos estudantes. Esse procedimento poderia facilitar o levantamento de informações diagnósticas a respeito de suas próprias aulas e melhorar o impacto da pesquisa sobre a prática.

Assim, podemos pensar que os trabalhos de extensão e ensino, em que professores universitários, licenciandos e alunos de mestrado e doutorado, juntamente com professores do ensino básico, seriam uma boa alternativa para aproximar a universidade com a escola. Talvez seja este o caminho mais significativo para colocar em prática as pesquisas em Ensino de Ciências dentro de uma situação de contexto e que leve em consideração a cultura escolar. Propor parcerias em que o professor do ensino básico também se torne pesquisador e investigador ativo é uma possível solução que necessita ser analisada.

Uma vez que um ensino de qualidade está na qualificação do professor, pode-se aproximar esses professores das pesquisas em Ensino de Ciências através de cursos de extensão e/ou criação de grupos com participação de pesquisadores em EC (mestrandos, doutorandos e professores), professores universitários e professores do ensino básico. Somente quando a formação de professor for encarada de forma que se propõe uma relação teoria-prática entre todos os sujeitos do sistema didático (professor universitário – licenciando – professor do ensino básico) é que poderemos começar a pensar em pesquisa de Ciências aplicada.

Quais os temas estão sendo pesquisados para serem desenvolvidos na formação inicial das Licenciaturas em Ciências e no ensino básico?

Fica claro que a pesquisa em Ensino de Ciências avançou bastante na identificação de muitos dos problemas que assolam a Educação Científica, bem como na apresentação de propostas de intervenção e subsídios para a ação pedagógica do professor em sala de aula com vistas à formulação de tentativas de superação desses problemas (DELIZOICOV, 2004).

A preocupação em resgatar e analisar a evolução da pesquisa em Ensino de Ciências não é nova e tem sido objeto de atenção de pesquisadores, especialmente a partir da década de 1980 (NARDI, 2015). Destacam-se referências importantes que traçam reflexões sobre as principais temáticas da pesquisa em Ensino de Ciências no Brasil (DELIZOICOV, 2004; 2005; KRASILCHIK, 1987; NARDI, 2015; OLIVEIRA *et al.*, 2021; SLONGO; LORENZETTI; GARVÃO, 2019; VILLANI *et al.*, 2017).

Realizar possíveis alterações nos principais focos temáticos ou linhas da pesquisa da área Ensino de Ciências e Matemática, através de comparações ao longo das décadas, pode não ser apropriado. O deslocamento relativo de alguns dos focos temáticos da pesquisa em Ensino de Ciências, entretanto, realça a dimensão histórica do surgimento de temas de estudo, certa adesão da comunidade de pesquisadores a alguns deles e um relativo declínio de outros temas pesquisados. Este parece ser, por exemplo, o caso do declínio das pesquisas em concepções espontâneas e sobre mudança conceitual forte na década de 1980 e início da década de 1990 e uma ascensão das pesquisas referentes ao ensino-aprendizagem e formação de professores de Ciências na segunda metade da década de 1990 até aos dias atuais e às Tecnologias de Informação e Comunicação (TIC) no início da década de 2000.

Verificamos que os focos temáticos são diversos e para direcionarmos um "diálogo didático", vamos nos restringir aos principais temas da pesquisa em Ensino de Ciências atuais que este livro propõe (ABRAPEC, 2023; OLIVEIRA *et al.*, 2021; SLONGO; LORENZETTI; GARVÃO, 2019), a partir do Quadro 1:

Quadro 01. Tendências da Pesquisa em Ensino de Ciências

N	Grandes áreas ou Linhas da Pesquisa em Ensino de Ciências	Focos de abrangência das Linhas ou Subáreas da Pesquisa em Ensino de Ciências
1	Ensino e aprendizagem de conceitos e processos científicos	Aspectos cognitivos, sociais, culturais e afetivos envolvidos no ensino e na aprendizagem de conceitos científicos em diferentes níveis de escolaridade; ensino de Ciências e inclusão escolar; aprendizagem colaborativa; modelos e modelagem na Educação em Ciências; ensino por investigação; experimentação e aprendizagem de habilidades científicas.
2	Formação de professores de Ciências	Análise de programas e políticas de formação de professores da área de ciências na graduação (inicial e continuada); estágio supervisionado; avaliação de modelos e práticas de formação de professores para diferentes níveis e modalidades de escolaridade; desenvolvimento profissional de professores; saberes docentes; práticas reflexivas, identidade docente etc.
3	História, Filosofia e Sociologia da Ciência e Educação em Ciências	História, filosofia e sociologia da ciência e da tecnologia; estudos historiográficos e de história do pensamento; epistemologia e natureza da ciência e da tecnologia, ensaios e estudos sócio-históricos.
4	Educação em espaços não-formais e Divulgação Científica	História, políticas e práticas de divulgação científica; literatura, mídias e análises midiáticas das formas de divulgação, divulgação científica e inclusão social; relações entre comunicação e educação; educação em museus, centros, mostras, exposições, vídeos e outros espaços não formais de Educação em Ciências.
5	Tecnologias da informação e comunicação em Educação em Ciências	Metodologias de pesquisa baseada em *design*; pesquisas a respeito de planejamento, construção e avaliação de recursos e ambientes mediados por tecnologias digitais para a Educação em Ciências (materiais multimídia e hipermídia, recursos audiovisuais, tecnologias digitais); educação em Ciências a distância.
6	Educação Ambiental e Educação do Campo	Relações entre educação ambiental e do campo com a Educação em Ciências; questões socioambientais; educação para a sustentabilidade e soberania (alimentar, energética); agroecologia; movimentos sociais do campo e ambientais; campo e exploração do trabalho (classe, raça e gênero) e da natureza; diversidades e identidades; pedagogia da alternância.
7	Educação em Saúde e Educação em Ciências	Relações entre a educação em saúde, educação popular em saúde, a promoção da saúde, formação docente e profissional em saúde e a Educação em Ciências.
8	Linguagens e Discurso e Educação em Ciências	Teorias da linguagem, do texto e do discurso; interfaces teóricas e interdisciplinares nos discursos; abordagens discursivas em pesquisas na Educação em Ciências; estudos sobre argumentação e interações discursivas; representações, cognição, leitura e escrita na Educação em Ciências.

9	Alfabetização científica e tecnológica e Educação CTS/ CTSA	Relações entre CTS/CTSA, formação de professores, currículo e materiais didáticos; questões sociocientíficas (QSC); alfabetização/letramento científico e tecnológico.
10	Diferença, Multiculturalismo, Interculturalidade	Relações entre Educação em Ciências e inclusão, gênero, religião, classe; educação para relações étnico-raciais, indígena, quilombola; direitos humanos; decolonialidade e pedagogias decoloniais; políticas de ações afirmativas e políticas de identidades e diferenças.
11	Processos, Recursos e Materiais Educativos	Experiências didáticas investigativas; dinâmicas em grupo; unidades e sequências didáticas; jogos e atividades lúdicas; atividades práticas; experimentação; relações entre Arte e Ciência; estudos sobre recursos didáticos e mídias digitais.
12	Políticas educacionais e Currículo	História, análise e avaliação de políticas públicas em diferentes níveis e modalidades de ensino; desenvolvimento e reformas curriculares; políticas de currículo; conhecimento escolar; Aspectos teóricos e metodológicos de avaliação; história das disciplinas científicas; inovações educacionais; currículo e cultura; avaliação e legislação de sistemas educacionais; fomento à pesquisa em educação científica e tecnológica e políticas de desenvolvimento social; relações entre público e privado nas políticas educacionais; políticas de formação de pesquisadores; estudos comparativos internacionais relacionados à Educação em Ciências.
13	Questões teóricas e metodológicas da pesquisa em Educação em Ciências	Considerações filosóficas e epistemológicas sobre a natureza da pesquisa na área; referenciais teóricos, abordagens metodológicas e modalidades de pesquisa; educação em Ciências como campo científico; prospecção e identificação de tendências e perspectivas teóricas e metodológicas na pesquisa em Educação em Ciências.
14	Estratégias e metodologias de ensino de Ciências	Caracterização de diferentes metodologias e estratégias utilizadas no ensino de Ciências.

Fonte: adaptado da Abrapec (2023).

Temas contemporâneos dos Grupos de Estudo e Pesquisa em Ensino de Ciências

A partir do exposto até agora, vimos que a pesquisa em Ensino de Ciências é fluida e o deslocamento relativo de alguns dos focos temáticos, linhas ou áreas de pesquisa está relacionado com a dimensão histórica do surgimento de temas, áreas ou subáreas de pesquisa, além de certa adesão da comunidade de pesquisadores.

Nesse sentido, este livro propõe apresentar a adesão mais atual dos focos temáticos pesquisados e que têm ganhado expressão na Educação Científica e Tecnológica, tais como: a Alfabetização Científica e Tecnológica; a pesquisa sobre a Fenomenologia e a Hermenêutica no contexto da Análise Textual Discursiva; a Metacognição; a epistemologia de Fleck e a Teoria Ator-Rede de Latour; a Divulgação Científica; reflexões sobre o Currículo a partir: da Interdisciplinaridade e Práticas Interdisciplinares, do Cenário Integrador e da Abordagem Temática Freireana; a Educação do Campo com reflexões sobre: a Permacultura, a Sustentabilidade e as Tecnologias Sociais; a Pesquisa Baseada em *Design*/Projeto e a Sequência de Ensino e Aprendizagem e o Ensino por Investigação.

Assim, abre a coletânea de textos deste livro o Capítulo 1, do Grupo de Pesquisa em Educação Química, Ciências e Tecnologia (GPECT), que apresenta uma reflexão sobre a **Alfabetização Científica e Tecnológica** (ACT) a partir de diferentes olhares, em que é apresentada uma reorientação epistemológica da ACT, com o olhar para a Tecnologia, a função social do Ensino de Ciências e do Ensino de Tecnologia e como trabalhar a ACT sem desconsiderar a Tecnologia.

A seguir, encontramos três textos que se relacionam e que estão baseados em **aspectos epistemológicos**, ainda na perspectiva de reorientar os estudos da ACT dentro do Ensino de Ciências. O primeiro, Capítulo 2, novamente do GPECT, sendo os autores da Universidade Tecnológica Federal do Paraná, PR, nos apresenta uma reflexão interessante sobre "A crise da educação e sua dimensão epistemológica", "A epistemologia comparativa de **Ludwik Fleck** como alternativa", e uma proposição baseada na "Cultura *Maker* e o Ensino de Ciências". O segundo, Capítulo 3, apresenta uma reflexão do Grupo de Estudos em Teoria Ator-Rede e Educação (GETARE), da Universidade Federal dos Vales do Jequitinhonha e Mucuri (UFVJM), MG, sobre a **Teoria Ator-Rede (TAR) de Bruno Latour**, a linha de pesquisa "Cartografia de controvérsias sociotécnicas" e um exemplo de **Divulgação Científica**, intitulado "Controvérsias em torno dos surtos de dengue: um estudo a partir da Teoria Ator-Rede". E o terceiro texto, Capítulo 4, nos apresenta uma reflexão epistemológica: "A existência e resistência do Grupo de Pesquisa CONECTAR na produção de estudos ator-rede". O texto proposto pelo grupo da Universidade Federal de Ouro Preto (UFOP), MG, também está baseado na epistemologia de Latour, em que nos apresenta, além de um resgate da TAR, estudos "ator-rede" para a pesquisa em Educação Científica.

Segue-se com o Capítulo 5, um texto mais filosófico, em que os autores apresentam o trilhar de uma comunidade de pesquisa em Educação em Ciências constituída em uma orientação filosófica pouco abordada na Educação Científica brasileira: a **Hermenêutica e a Fenomenologia**. Trata-se do caminho iniciado no Grupo de Pesquisa Comunidades Aprendentes em Educação Ambiental, Ciências e Matemática – CEAMECIM da Universidade Federal do Rio Grande (FURG) e propagado pelo Grupo de Pesquisa Jano: Filosofia e História na Educação em Ciências da Universidade Federal do Paraná (UFPR) que discutem a **Análise Textual Discursiva**, sendo, atualmente, uma das principais metodologias de análise de dados qualitativos, utilizada na pesquisa em Educação em Ciências.

A reflexão sobre elementos que caracterizam o processo de ensino e aprendizagem é apresentada no Capítulo 6, que se ocupa de relatar estudos desenvolvidos no Grupo de Pesquisa em Educação Científica e Tecnológica (GruPECT) da Universidade de Passo Fundo (UPF), RS. Mais especificamente, o texto está relacionado ao recorte dos estudos que o grupo vem desenvolvendo na temática **Metacognição** em contexto educativo. O texto parte da identificação do grupo de pesquisa com seus protagonistas e objetos de investigação, e depois volta-se aos estudos envolvendo a metacognição. Ainda no foco temático da pesquisa sobre o ensino e aprendizagem, o Capítulo 7 nos apresenta uma discussão sobre o **Ensino por Investigação**, que tem sido uma abordagem bastante utilizada nas pesquisas em Educação em Ciências, principalmente pelos mestrandos na linha de Ensino de Ciências do Mestrado Profissional Educação e Docência (Promestre) da Faculdade de Educação (FaE) da Universidade Federal de Minas Gerais (UFMG).

Na linha de pesquisa sobre Políticas educacionais e Currículo, seguem três textos. O primeiro, Capítulo 8, nos apresenta uma reflexão teórica sobre a **Interdisciplinaridade** e **Interdisciplinaridade Escolar**. O Grupo de Estudos e Pesquisas em Abordagens e Metodologias de Ensino de Ciências (GEPAMEC), da UFVJM, nos chama atenção para a dificuldade da comunidade escolar em desenvolver **Práticas Interdisciplinares** reais e aplicáveis. Nessa mesma linha, temos o Capítulo 9, em que o Grupo de Pesquisa em Currículo e Formação de Professores em Ensino de Ciências (GPeCFEC) da Universidade Estadual de Santa Cruz, BA, introduz uma reflexão sobre o **Cenário Integrador** e foca em três pontos na relação universidade-escola: as contribuições formativas do Cenário Integrador, a autonomia do professor, e a Interdisciplinaridade na produção das propostas, com um olhar voltado, principalmente, para as relações entre licenciandos e professores da Educação Básica. Ao final, o texto aponta alguns limites e propõe direções para o avanço e consolidação da proposta de reconfiguração curricular 'Cenário Integrador'. Por fim, nessa linha sobre Currículo, o Capítulo 10 nos apresenta algumas experiências de pesquisas sobre a **Abordagem Temática Freireana** (ATF) realizadas no contexto da Rede de Pesquisa sobre a Abordagem Temática Freireana no Ensino de Ciências em Alagoas e Bahia (Realba), que foi consolidada no ano de 2021, em especial, no Alto do Sertão Alagoano e no interior da Bahia. Além disso, o texto apresenta perspectivas futuras para o desenvolvimento de novos projetos curriculares, cujas parcerias vão além das fronteiras do Nordeste brasileiro.

Outro tema atual está relacionado com a **Educação do Campo**, que nos apresenta, no Capítulo 11, uma reflexão do Grupo de Estudos e Práticas em Permacultura (GEPP), da Universidade Federal dos Vales do Jequitinhonha e Mucuri (UFVJM), MG, entre a Permacultura, a Sustentabilidade, as Tecnologias Sociais e a Educação Científica, a partir dos controversos Objetivos do Desenvolvimento Sustentável.

Os textos seguem e no Capítulo 12, encontramos um estudo de um grupo de pesquisa da Universidade Estadual de Santa Cruz (UESC), Bahia, que apresenta alguns fundamentos da metodologia de pesquisa *Design Based Research* (*DBR*) e sua sublinha *Teaching Learning-Sequences* (TLS) – **Pesquisa Baseada em *Design*/Projeto e Sequência de Ensino e Aprendizagem** –, visando instrumentalizar futuras investigações que focam na produção de conhecimentos didáticos resultantes do desenvolvimento, implementação e avaliação de sequências de ensino e aprendizagem sobre tópicos de Física Moderna e Contemporânea (FMC).

Conclui neste preâmbulo que as discussões que serão empreendidas nos próximos textos não se propõem a apresentar caminhos e receitas para a pesquisa aplicada, mas a oferecer uma reflexão teórica que poderá servir de suporte para futuros estudos e contribuições para a formação de professores e o ensino e aprendizagem de Ciências.

Bibliografia

ABRAPEC. **ENPEC - Edições Anteriores**. Disponível em: https://abrapec.com/enpec-edicoes-anteriores/. Acesso em: 29 jun. 2023.

BAROLLI, E.; VILLANI, A. A formação de professores de Ciências no Brasil como campo de disputas. **Revista Exitus**, v. 5, n. 1, p. 72–90, 2015.

CARVALHO, A. M. P. DE. A pesquisa no ensino, sobre o ensino e sobre a reflexão dos professores sobre seus ensinos. **Educação e Pesquisa**, v. 28, p. 57–67, jul. 2002.

DELIZOICOV, D. Pesquisa em ensino de ciências como ciências humanas aplicadas. **Caderno Brasileiro de Ensino de Física**, v. 21, n. 2, p. 145–175, 2004.

DELIZOICOV, D. Resultados da pesquisa em ensino de Ciências: comunicação ou extensão? **Caderno Brasileiro de Ensino de Física**, v. 22, n. 3, p. 364–378, 1 jan. 2005.

FERNANDES, G. W. R. F.; ALLAIN, L. R.; DIAS, I. R. **Metodologias e Abordagens Diferenciadas em Ensino de Ciências**. São Paulo: Livraria da Física, 2022.

FERNANDES, G. W. R.; MARIANO, H. D. M.; SCHETINO, L. P. L.; ALLAIN, L. R. **Metodologias e Estratégias Ativas:** Um Encontro com o Ensino de Ciências. São Paulo: Livraria da Física, 2021.

KRASILCHIK, M. **O professor e o currículo das ciências**. São Paulo: EPU, 1987.

MARANDINO, M. A prática de ensino nas licenciaturas e a pesquisa em ensino de ciências: Questões atuais. **Caderno Brasileiro de Ensino de Física**, v. 20, n. 2, p. 168–193, 1 jan. 2003.

MOREIRA, M. A. Ensino de Física no Brasil: retrospectiva e perspectivas. Revista Brasileira de Ensino de Física. **Revista Brasileira de Ensino de Física**, v. 22, n. 2, p. 94–99, 2000.

NARDI, R. A pesquisa em ensino de Ciências e Matemática no Brasil. **Ciência & Educação**, v. 21, p. 1–5, jun. 2015.

OLIVEIRA, R. DOS S. *et al.* Mapeando a pesquisa em Ensino de Ciências: um olhar para as linhas de investigação no ENPEC na década de 2010. **Revista Insignare Scientia - RIS**, v. 4, n. 3, p. 563–581, 3 mar. 2021.

REZENDE, F.; OSTERMANN, F. O protagonismo controverso dos mestrados profissionais em ensino de ciências. **Ciência & Educação**, v. 21, p. 543–558, set. 2015.

ROSA, P. R. DA S. Fatores que influenciam o ensino de ciências e suas implicações sobre os currículos dos cursos de formação de professores. **Caderno Brasileiro de Ensino de Física**, v. 16, n. 3, p. 287–313, 1 jan. 1999.

SANTOS, F. R. V. DOS; OSTERMANN, F. A prática do professor e a pesquisa em ensino de Física: novos elementos para repensar essa relação. **Caderno Brasileiro de Ensino de Física**, v. 22, n. 3, p. 316–337, 1 jan. 2005.

SLONGO, I. I. P.; LORENZETTI, L.; GARVÃO, M. Explicitando dados e analisando tendências da pesquisa em Educação em Ciências no Brasil: uma análise da produção científica disseminada no ENPEC. **Revista Brasileira de Ensino de Ciências e Matemática**, v. 2, n. 2, 2019.

VILLANI, A. *et al.* Mestrados Profissionais em ensino de Ciências: estrutura, especificidade, efetividade e desenvolvimento profissional docente. **Investigações em Ensino de Ciências**, v. 22, n. 1, p. 127–161, 23 abr. 2017.

CAPÍTULO 1

Alfabetização científica e tecnológica e a caixa preta da dimensão tecnológica

Graziela Piccoli Richetti[1]
Nancy Rosa Alba Niezwida[2]

Introdução

AS PRIMEIRAS preocupações sobre como relacionar os conhecimentos acadêmicos de Ciências com o contexto de vida dos estudantes surgiram, segundo Paul Hurd (1998), no século XVI com o desenvolvimento da Ciência Moderna, momento histórico atribuído por Hurd às raízes culturais da Alfabetização Científica. Naquela época, segundo o autor, instrumentos como o telescópio e o microscópio foram essenciais para ampliar as possibilidades de pesquisa e favorecer novas descobertas e, por isso, também foi necessário considerar os conhecimentos referentes ao tecnológico. Entretanto, o trabalho científico era predominantemente orientado pelo pensamento Positivista, o qual determinaria, sem dúvida, um olhar instrumental dessas tecnologias. Avançando no tempo, enquanto o mundo no século XX tornou-se cada vez mais industrializado e a sociedade foi se adequando às mudanças dessa industrialização, as ideias positivistas continuaram presentes no Ensino de Ciências, evidenciando as fragilidades pedagógicas, por exemplo,

1 Professora da Universidade Federal de Santa Catarina – UFSC, Campus de Blumenau, Santa Catarina, BR. Vice-líder do Grupo de Pesquisa em Educação Química, Ciências e Tecnologia (GPECT). E-mail: graziela.richetti@ufsc.br

2 Professora da Facultad de Arte y Diseño, Universidad Nacional de Misiones – UNaM, Oberá, Misiones, AR. Grupo de Pesquisa em Educação Química, Ciências e Tecnologia (GPECT). Diretora projeto "La transposición de la propuesta de Paulo Freire a la enseñanza de la tecnología: hacia la transformación de conocimientos y prácticas tecnocráticas y descontextualizadas (UNaM, ID: 16/D1041). E-mail: niezwida.nancy@fayd.unam.edu.ar.

os conhecimentos científicos pareciam servir apenas aos cientistas, provocando uma crise (FOUREZ, 2005).

Não obstante aos argumentos e propostas de vincular tanto os conhecimentos científicos quanto os tecnológicos ao trabalho escolar, as finalidades educacionais que o tratamento de tais questões tem recebido nem sempre têm ultrapassado as perspectivas filosóficas fundamentadas na tese empírico indutivista, na Teoria Positivista e nas posturas determinista, instrumentalista ou até substancialista. Pelo contrário, diversos estudos que abordam o tratamento escolar de conhecimentos vinculados à Ciência e à Tecnologia indicam a cristalização de perspectivas restritas e unilaterais, caracterizadas por negar a dimensão do sujeito no processo de construção de conhecimento ou exortar, da relação cognoscitiva, os aspectos mais problemáticos da Ciência e da Tecnologia no mundo contemporâneo, em especial da Tecnologia. O seu esquecimento foi denunciado por Maiztegui *et al.* (2002) para defender o potencial do Ensino de Ciências. Como consequência, nos encontramos com atitudes absolutas ou com o reconhecimento de grupos sociais na Ciência e na Tecnologia, sob a ótica de diversos conceitos, que não se traduzem em práticas educativas que concretizam a intervenção e enfrentamento de problemas.

Fourez (2005, p. 65), ao propor os objetivos operacionais, utilizou o termo "caixa preta" da Alfabetização Científica e Tecnológica (ACT) como "uma representação de uma parte do mundo, que é aceita na sua totalidade sem considerar útil examinar os mecanismos de seu funcionamento", dessa forma, uma pessoa para ser considerada "alfabetizada científica e tecnologicamente deve saber quando fechar uma caixa preta ou quando pode ser interessante abri-la" (p. 67). Entendemos que a dimensão epistêmica da Tecnologia é uma caixa preta no âmbito da ACT, ou seja, permanece ausente de tratamento ou compreendida como dependente da dimensão da Ciência, sem examinar como a Tecnologia tem singularidade e funciona por si própria.

Os impactos ambientais e sociais oriundos, no século XX, do desenvolvimento científico e tecnológico e das intervenções humanas repercutiram no determinismo tecnológico e na neutralidade científica. Se a Ciência e a Tecnologia fossem predominantemente benéficas e desprovidas de interesses e de influências, os impactos percebidos àquela época teriam sido muito menores. Na década de 1950, nos Estados Unidos, o uso abusivo do pesticida diclorodifeniltricloroetano (DDT) nas lavouras matou muito mais do que pragas:

provocou um grande desastre no ecossistema e problemas de saúde na população. Os efeitos nocivos do DDT e de outros pesticidas foram denunciados pela bióloga Rachel Carson no livro *Primavera silenciosa*, publicado em 1962. A obra de Carson é resultado de uma pesquisa sobre conservação ambiental, que questionou o paradigma do progresso científico e, também, mobilizou as discussões sobre a dimensão social da Ciência e da Tecnologia (BAZZO, 2010).

No artigo "A peculiaridade do conhecimento tecnológico", Cupani (2006) reúne um conjunto de argumentos epistemológicos e filosóficos que caracterizam o conhecimento tecnológico e o diferencia do conhecimento científico, principalmente o fato de o conhecimento tecnológico não ser mera aplicação do conhecimento científico. Embora Ciência e Tecnologia se relacionem ontologicamente, epistemologicamente é possível pensá-las com características próprias. Neste texto, tecemos reflexões sobre a Alfabetização Científica e Tecnológica (ACT), a partir de diferentes olhares, para mostrar como a reflexão sobre a não neutralidade e o determinismo é oriunda de uma crítica à Ciência que, quando transposta à análise da Tecnologia, tende a guardar vestígios do positivismo e dificultar o alcance dos objetivos da ACT num mundo em que a ubiquidade tecnológica e os impactos não desejados são evidentes.

A reorientação epistemológica como insumo da ACT

O contexto de disputas políticas e sociais das décadas de 1950 e 1960 marcaram a origem dos Estudos Sociais da Ciência e da Tecnologia, também denominado de movimento Ciência, Tecnologia e Sociedade (CTS). Esse movimento acadêmico sinalizou uma mudança na imagem racionalista tradicional de Ciência e de Tecnologia que encontrou sintonia, se replicou e ampliou em ações no campo dos movimentos sociais, perante impactos problemáticos da Ciência e da Tecnologia ao se perceberem como agentes alienados; no âmbito de revisão política para reorientação de decisões conforme valores do entorno; e no âmbito educativo para direcionar a abordagem de questões sociais pertencentes ao contexto dos estudantes e formar cidadãos responsáveis e conscientizados. Em tese, as influências desses movimentos abriram possibilidades para a renovação do Ensino de Ciências em uma época de crise, quando o modelo tradicional de educação, caracterizado pela transmissão e recepção de informações, pela concepção de estudantes como tábulas rasas e pela neutralidade e linearidade associadas à Ciência e à Tecnologia não era mais compatível com o perfil dos estudantes (FOUREZ, 2005).

A trajetória dos estudos acadêmicos inicia em universidades britânicas e no Programa Forte da Sociologia do Conhecimento Científico (SCC), que com aportes da filosofia, da sociologia do conhecimento e de uma leitura radical da obra de Thomas Kuhn (1978), consolidou o núcleo duro da sociologia do conhecimento científico (SCC) (BLOOR, 1976/1991). Junto do Programa Empírico do Relativismo (EPOR - *Empirical Programme of Relativism*), apresenta a Ciência não como uma forma de conhecimento epistemologicamente privilegiada, mas como um produto de circunstâncias históricas e culturais, como resultado não da evidência experimental e da racionalidade, mas da luta de interesses entre classes e grupos sociais heterogêneos. Reconhecendo os agentes sociais e humanos, "Os estudos de laboratório buscaram corrigir a profunda assimetria que sobrevive nas análises tipo SCC, fragmentando estudos de diversos enfoques" (LÓPEZ; GONZÁLEZ; LUJÁN, 1996, p. 217, tradução nossa). Tendo como problema a assimetria dos estudos sobre as dimensões humana e não humana, "a Teoria da Rede de Atores referenciados de Latour, Callon e Law buscaram reivindicar a realidade como agente nos estudos construtivistas. Segundo eles, todos os atores, humanos e não humanos, interagem e evoluem juntos, sendo nodos de uma rede que constitui a ciência e a tecnologia (unidas no termo 'tecnociência')" (LÓPEZ; GONZÁLEZ; LUJÁN, 1996, p. 219).

A renovação conceitual da tecnologia não recebeu a mesma atenção até os trabalhos de Bijker e Pinch de 1984, que, baseados nas análises da Ciência, analisaram a Tecnologia a partir de um enfoque comum, embora reconhecessem que Ciência e Tecnologia poderiam ser essencialmente diferentes (BIJKER; PINCH, 2013; LÓPEZ; GONZÁLEZ; LUJÁN, 1996). Estes últimos autores citados apresentaram os estudos culturais para aquelas análises pós-construtivistas que se autoproclamaram estudos culturais da Ciência e da Tecnologia. Porém, a brecha de tratamento da Tecnologia aparece quando eles, ao considerar alguns trabalhos, sobre Gênero e Ciência e Epistemologia social, indicam que estes estudos se ocuparam somente da análise da cultura científica.

A ampliação da metodologia EPOR para a análise sociológica da Tecnologia permitiu indicar que, longe de ser neutra e funcionar conforme objetivos de eficácia, ela obedece a processo de negociação a partir da interação de diversos atores sociais com seus interesses particulares, os quais podem compartilhar iguais ou diversos significados (BIJKER; PINCH, 2013). Atendendo à tensão acadêmica sobre a assimetria que teria gerado este papel dado aos significados de grupos sociais, o trabalho de Bijker (2013), publicado originalmente em 1987, propôs o conceito de marco tecnológico para incluir conceitos e técnicas nos processos de negociação. Em teoria, as conceptualizações da sociologia da tecnologia determinismo dissolvem o paradoxo determinismo tecnológico/social quanto ao modo de relação das pessoas e o mundo artificial e, assim, a dupla conceitual tecnologia-sociedade perde sentido.

Um dos enfoques da SCC que foi aplicado com mais êxito na tecnologia é a teoria da rede de atores, sugerindo que "[...] não existe a princípio diferença nenhuma entre os cientistas negociarem com elétrons ou com reagentes químicos e os tecnólogos tentarem desenvolver *chips*, os acumuladores elétricos ou fibras sintéticas" (LÓPEZ; GONZALEZ; LUJÁN, 1996, p. 224, tradução nossa). Se considerarmos a trajetória das ações no âmbito acadêmico, é fácil reconhecer a forte preocupação pela desconstrução essencialista da Ciência. Mas, direcionados ainda pelo olhar triunfalista da Ciência e determinados por ele, houve uma análise sociológica tardio da tecnologia. Os reflexos desse silenciamento acadêmico reflete um desconhecimento da relação da tecnologia com a ciência e se observa no movimento a favor de uma alfabetização tecnológica em que se tem esquecido a dimensão tecnológica na educação científica (MAIZTEGUI *et al.*, 2002).

Bijker e Pinch (2013) basearam seus estudos sobre a tecnologia na aparente "brecha analítica" que ocorreria na filosofia, na história e na sociologia. Entretanto, Ramírez Sánchez (2007) considerou a ausência de estudos ou estudos pouco significativos em trabalhos de corte marxista ou heideggeriano. Não consideraram que ao longo do século XX a tecnologia foi tratada com profundidade pela filosofia de Heidegger, Ortega y Gasset, Foucault, Bernal, Ellul, Mumford, McPherson, Moses, Winner e Haraway, entre outros. Para Mitcham (1983), foram quatro séculos de otimismo ilustrado perante os problemas apresentados pela Ciência e pela Tecnologia. A reflexão filosófica encontrou atitudes céticas no "bem-estar", via ato técnico anunciado por Ortega y Gasset (1998) no início do século XIX, o que foi denominado de desassossego romântico.

O movimento de redirecionamento da Ciência e de Tecnologia ocorrida em espaços geográficos localizados principalmente na Europa e na América do Norte se ampliou pela circulação de atores, pesquisadores e ativistas latino-americanos que chegaram à síntese sociocientífica e sociotécnica como simetria analítica. Em nível acadêmico, nos anos 1980 e 1990, se formaram os Estudos sobre Ciência, Tecnologia e Sociedade aplicados à América Latina (ECTSAL) como uma atividade desenvolvida não por especialistas em Ciência e Tecnologia, mas sim por grupos com origem disciplinar diversa, voltados para a crítica na atuação do estado em temas de Ciência e Tecnologia, denunciando com estudos descritivos "disfuncionalidades, deseconomias e falhas de implementação" (DAGNINO; THOMAS; DAVYT, 1996, p. 47).

Duas décadas prévias à ECTSAL, um grupo de indivíduos com formação consolidada em distintas disciplinas "duras" apostou em um compromisso ético no campo político-social, formando o Pensamento Latino-americano sobre Ciência, Tecnologia e Sociedade (PLACTS). Esse pensamento partiu de um diagnóstico crítico, visando uma mudança social perante o modelo linear de desenvolvimento. Defendeu que o contexto latino-americano da época poderia ter soberania tecnológica se estivesse pautada na construção de uma capacidade científica local que deveria ser projetada em função da capacidade de produzir um "mix tecnológico", isto é, adequar as tecnologias sob o modelo de transferência às condições locais (DAGNINO; THOMAS; DAVYT, 1996).

PLACTS e ECTSAL têm como ponto em comum somente o grau de penetração tímida da crítica no modelo linear de domínio local, uma vez que "apesar das diversas tentativas, estilos e objetivos, a reflexão latino-americana em CTS nunca atingiu a determinar as políticas globais de Ciência e Tecnologia dos estados e [...] os conhecimentos sobre essas atividades não influíram de forma relevante sobre o processo de tomada de decisões" (DAGNINO; THOMAS; DAVYT, 1996, p. 49). A análise da tecnologia nos estudos latino-americanos se desenvolveu desde vários conceitos, um deles, de "adequação sociotécnica" (THOMAS, 1994) para indicar a localização necessária do desenvolvimento.

Tomamos os marcos sinalizados pelo filósofo Feenberg (1999) como alerta para indicar pensamentos e práticas que, mesmo tendo a tecnologia como foco de análise, são tímidos para se tornar modos concretos de transformar a tecnocracia. Nessa apropriação, não é difícil localizar no otimismo denunciado por Mitcham a sintonia com o Determinismo, que rejeita explicitamente todo tipo de vínculo entre aspectos sociais e tecnológicos e aspira nessa condição "limpa" a garantia do bem-estar. Além disso, a defesa de redirecionamento da tecnologia encontra vestígios de posturas instrumentais em ações que mantêm o hermetismo nas esferas de decisão de problemas e soluções e promulgam aos quatro ventos a não neutralidade da tecnologia, mas com foco em algumas instâncias de decisão, como os usuários, para defender ou julgar a tecnologia conforme as finalidades benéficas ou prejudiciais, e retirar toda "intervenção social" não especializada do processo de planejamento. Ou, ainda, de perspectivas teóricas "substantivistas" que, embora denunciem certos valores humanos em problemas contemporâneos, não concretizam uma mudança e subordinam a possibilidade humana a algum tipo de redirecionamento.

O reconhecimento da não neutralidade da Ciência e da Tecnologia e os aspectos humanos em impactos problemáticos ou não previstos extrapolam a demanda por outros modos, mais práticos, de enfrentar os problemas vinculados à Ciência e à Tecnologia.

A função social do Ensino de Ciências e do Ensino de Tecnologia

A necessidade de superação de um Ensino de Ciências "em crise" (FOUREZ, 2005), caracterizado pelo excesso e fragmentação dos conteúdos, centrado na transmissão de saberes escolares pelo professor e voltado à formação de cientistas, tem sido objeto de discussão desde, pelo menos, a década de 1950. As diversas tentativas de renovação do Ensino de Ciências buscaram, de alguma forma, estabelecer relações entre os conhecimentos curriculares e os conhecimentos do cotidiano dos estudantes. Nessa perspectiva, a abordagem de temas de relevância social alusivos à Ciência e à Tecnologia, bem como a participação em projetos, favorecem o envolvimento dos estudantes, a formação da cidadania e a Alfabetização Científica e Tecnológica (ACT) (CAJAS, 2001; FOUREZ, 2005; SASSERON; CARVALHO, 2011).

A ACT é um conceito complexo que possui diferentes significados e interpretações, dependendo do contexto e do entendimento dos autores (LAUGKSCH, 2000; SASSERON; CARVALHO, 2011; LORENZETTI, 2021). A ACT já foi concebida, segundo Díaz, Alonso e Mas (2003) como um rótulo, uma metáfora e um mito cultural, assim como recebeu, a partir dos anos 1990, o status de *slogan* por ter sido amplamente utilizada na Educação Científica (HURD, 1998; DEBOER, 2000; BYBEE, 1997). Para Fourez (2005, p. 15), a ACT é uma metáfora que "designa um tipo de saberes, de capacidades ou de competências que, em nosso mundo técnico-científico", corresponderia à importância atribuída, no século XIX, a saber ler e escrever, ou seja, ser alfabetizado. Aceitar o conceito de ACT como uma metáfora permite, segundo Bybee (1997), rejeitar a simplificação e a relativização dos conhecimentos científicos para torná-los funcionais, trabalhando em prol do enriquecimento dos conteúdos ensinados.

Independentemente do enfoque, a ACT se refere ao **uso das habilidades e dos conhecimentos científicos e tecnológicos em um contexto social, de modo consciente e comprometido, subsidiando a tomada de decisões e o exercício da cidadania**. Assim, "é imprescindível estabelecer um panorama social, pois a configuração do Ensino de Ciências não pode ser pensada independentemente dos aspectos sociais, políticos e econômicos, sob pena de recair nos moldes do ensino que motivou sua própria origem" (MILARÉ; RICHETTI, 2021, p. 29-30).

Fourez (2005) propõe três grandes objetivos voltados à promoção de uma política de ACT: humanistas, sociais e crescimento econômico. Os **objetivos humanistas** dizem respeito ao enfoque cultural, ou seja, à capacidade de cada cidadão se situar em nosso mundo técnico e científico, com uma certa autonomia crítica, para participar das discussões relacionadas à cultura científica e tecnológica. Essas discussões envolvem, por exemplo, compreender: as origens da Ciência e da Tecnologia e como ambas fazem parte da história da humanidade (dimensão histórica); de que maneira, em nossa sociedade, as Ciências foram construídas e como ocorre a atividade científica (dimensão epistemológica); como desfrutar de uma teoria ou máquina que se adapte a uma determinada situação (dimensão estética); e, por fim, que as ciências e as tecnologias são, em sua essência, formas diferentes de conceber uma visão de mundo compartilhada e comunicável (dimensão da comunicação).

Os **objetivos sociais** têm como foco a participação dos cidadãos na sociedade democrática como forma de diminuir as desigualdades, visto que a ausência de uma cultura científica e tecnológica torna as democracias cada vez mais vulneráveis à tecnocracia (FOUREZ, 2005). A participação seria uma forma de outorgar responsabilidades aos cidadãos para que não vivenciem um sentimento de impotência diante das questões inerentes à Ciência e à Tecnologia. O terceiro objetivo diz respeito ao **crescimento econômico**, no qual cientistas, economistas e técnicos reconhecem que sem a participação dos cidadãos na cultura científica e tecnológica, o crescimento econômico dos países desenvolvidos pode ser prejudicado, enquanto nos países em desenvolvimento, o crescimento econômico pode sofrer uma descontinuidade. Fourez (2005, p. 22-23) defende o investimento em "programas educativos voltados à formação de cientistas e tecnólogos e a melhoria da ACT da população". A ACT proposta por Fourez considera, de um lado, que a Ciência não produz verdades absolutas e, de outro, estabelece uma mediação entre os conhecimentos necessários ao cidadão para a vida em sociedade.

É visível a sintonia desta abordagem com os postulados dos estudos construtivistas ao reconhecerem a agência humana no processo de fazer Ciência e Tecnologia, bem como da filosofia prática que, também reconhecendo o estreito vínculo entre seres humanos e mundo material, solicita uma atuação participativa e democrática. Esse diálogo entre os objetivos da ACT com a trajetória dos estudos sobre Ciência e Tecnologia mostram, por um lado, a urgência de uma abordagem diferenciada no ensino escolar. Por outro, alinha-se com um momento de silenciamento de estudos sociais sobre a dimensão tecnológica.

Se considerarmos os objetivos humanistas, parece difícil ativar um processo de participação na tomada de decisão em Ciência e em Tecnologia com conhecimentos provindos unicamente da construção da Ciência e não da construção da Tecnologia, tal como prevista na dimensão epistêmica. Essa dimensão seria suficiente como orientadora da análise histórica sobre as origens da Ciência "e" da Tecnologia e do seu papel na história da humanidade? Qual seria a relação com a Ciência e o papel atribuído à Tecnologia? Quanto à dimensão estética, a que se chamaria máquina e a que teorias, seriam esses os únicos resultados da Ciência e da Tecnologia previstos? Como pensar no desfrute desses elementos em países como os latino-americanos, que buscam uma soberania científica e tecnológica que ultrapasse as ações de adaptação, tal como buscada sem êxito pela PLACTS? Qual seria, nesses objetivos, o modo de conceber o mundo da Ciência e da Tecnologia quando a ausência de análise desta fica naturalizada? Em consequência, de que modo propiciar os objetivos sociais e econômicos a partir de uma cultura que promova a participação no desenvolvimento e diminua a desigualdade que gera a Ciência e a Tecnologia sem oportunidade de localizar esta última como objeto de análise e questionamento?

Como trabalhar a Alfabetização Científica e Tecnológica sem desconsiderar a Tecnologia?

Admitimos a questão lançada pelo próprio Fourez (2005, p. 45) sobre: se Ciência e Tecnologia não são diferentes, "bastaria ensinar ciências para dar conta da tecnologia?". E ensinar tecnologia seria suficiente para dar conta do Ensino de Ciências? No entanto, nem todos os sistemas educacionais admitiram o Ensino de Tecnologia e sim a maioria conferem valor ao Ensino de Ciências.

Fourez (2005), preocupado com a demarcação da Ciência e da Tecnologia, avalia que são atividades sociais diferentes porque estariam perseguindo diferentes objetivos, métodos e resultados. Em termos epistemológicos, para o autor, a diferença está localizada no lugar de aplicação, um lugar material e culturalmente situado. A Ciência, pelo seu caráter de abstração da complexidade do real, está confinada a um laboratório, ou a um paradigma, e a tecnologia, à complexidade da sociedade. Para o autor, são categorias paralelas, pois "o processo tecnológico introduz o processo científico" (FOUREZ, 2005, p. 49).

O percurso histórico da Ciência mostrou que a teoria positivista era muito limitada e, com o passar dos anos, que a Tecnologia, enquanto atividade voltada ao projeto de artefatos, é produtora de conhecimentos específicos para uma determinada tarefa, portanto, possui características epistemológicas distintas da Ciência. Mas foi retratada pelos historiadores como um conjunto de técnicas e objetos produzidos para auxiliar a Ciência, disseminando o equívoco de que a Tecnologia é mera aplicação do conhecimento científico (CUPANI, 2006; 2011).

Nesse contexto, "a tecnologia é uma forma específica de conhecimento e, anteriormente, um modo específico de resolver determinados problemas de conhecimento" que não se reduz a técnicas, mas busca "o saber útil, mas isso não significa que, eventualmente, possa produzir um saber que não seja imediatamente útil" (CUPANI, 2006, p. 367). A Tecnologia possui uma especificidade epistêmica materializada na história humana, já anunciada na etimologia do termo *techne,* e com funções, noções, pensamentos, teorias, paradigmas e explicações singulares que, em alguns casos atuais, podem ser semelhantes aos da Ciência, mas que extrapolam os padrões tradicionais de conhecimento exigidos pela Ciência (CUPANI, 2011).

Além de ser conhecimento, a peculiaridade da Tecnologia se observa em uma variedade de dimensões que mostram sua ubiquidade no mundo, mesmo que nem sempre percebida, e que são relativas à tecnologia como: *design* e projeto de artefatos (planejamento, operação, ajuste, manutenção, monitoramento com ou sem uso de conhecimento científico); formas de pensar e agir, atividade prevista e planejada (de execução e correção), porém com funções dadas e que incorporam valores (eficiência, controle, econômico, facilidade, rapidez, novidade, liberdade, progresso); tratamento abstrato de problemas; sistema de objetos; atitude humana (vinculada ao poder, busca de eficiência, liberdade, controle de circunstâncias, procura por uma vida melhor, economia de esforço); poder e domínio exercido (para acesso e resistência) e compreensão do mundo (CUPANI, 2018).

Admitimos a preocupação de Cajas (2001) para revisar a ACT perante a forma em que os critérios de transposição didática têm valorizado mais as ideias científicas que as tecnológicas e atravessar as dimensões do mero artefato físico ou digital da tecnologia. O problema é observado pelo autor no movimento educacional CTS, na falta de clareza sobre quais aspectos da tecnologia são fundamentais para a ACT, ou seja, não se sabe qual Ciência os estudantes aprenderam e, menos ainda, qual conhecimento tecnológico foi aprendido na escola. Essa constatação está presente na educação básica brasileira, principalmente porque não existe uma disciplina para o ensino de Tecnologia. Enquanto as teorias, fórmulas e conceitos da Ciência são ensinados desde os anos iniciais do Ensino Fundamental até o término do Ensino Médio, a Tecnologia está presente de forma instrumental e utilitária, como se fosse completamente desprovida de conhecimento.

Defendemos que superar possíveis erros epistêmicos na busca pelos objetivos da ACT seria um avanço. Criticar a igualdade entre Ciência e Tecnologia para reconhecer as singularidades e assim admitir relações. A dimensão histórica, por exemplo, implica analisar períodos prévios ao surgimento da Ciência moderna, uma vez que este momento não originou a Tecnologia. A dimensão estética para o contexto latino-americano deve passar de auspiciar a adaptação da Ciência e Tecnologia para buscar a adequação sociotécnica e sociocientífica. A dimensão comunicativa incorpora, junto do modo de ver científico, um modo de ver específico do mundo a partir das várias e ubíquas dimensões da Tecnologia.

Considerações finais

Neste texto, apresentamos argumentos e reflexões sobre as diferenças epistemológicas entre Ciência e Tecnologia no âmbito da ACT, bem como os desdobramentos da não neutralidade e do determinismo na construção de conhecimentos sobre o mundo. A partir da crítica filosófica à não neutralidade da Ciência e da Tecnologia, no século XX, o ensino e a função social da Ciência e da Tecnologia passaram por renovações como forma de acompanhar as mudanças sociais provocadas pelo desenvolvimento científico e tecnológico. Como consequência, a promoção da ACT mostrou-se indispensável para dar autonomia aos cidadãos para participarem de debates e discussões que envolvem a sociedade.

O movimento CTS surge na década de 1960 com diferentes enfoques de acordo com o contexto de cada região. Enquanto na Europa o foco era humanizar as Ciências por meio de discussões sobre os fatores sociais, políticos e econômicos, nos Estados Unidos e Canadá as discussões foram direcionadas pelas consequências ético-ambientais relacionadas ao desenvolvimento científico-tecnológico (LINSINGEN, 2007). Nas décadas de 1960 e 1970, Argentina e Brasil foram os países da América Latina que produziram "críticas originais e análises contextualmente pertinentes sobre a Ciência e a Tecnologia, a partir da periferia do capitalismo" (DAGNINO, 2008, p. 48; DAGNINO; THOMAS; DAVYT, 1996). No âmbito educacional, reconhecemos também a Educação CTS que, numa generalização arriscada, busca orientar o ensino a partir de referenciais latino-americanos para a localização e enfrentamento espaço-temporal de problemas locais (DELIZOICOV; AULER, 2011).

Sem duvidar das boas intenções dos objetivos destes trabalhos nos diferentes movimentos e âmbitos, questionamos acerca de como as ações, vinculadas aos movimentos descritos, têm realizado uma análise educacional da Tecnologia a partir das diferentes dimensões como conhecimento específico e não como consequência do saber científico. Também sobre como formar de fato uma cultura científica e tecnológica que potencialize o cidadão, a partir de um estudo escolar limitado, para superar não somente o determinismo, mas também o instrumentalismo e, inclusive, o substantivismo, que tende a nos converter em objetos e não sujeitos, com potencial de participação e redirecionamento dos problemas que colocam a Ciência e a própria Tecnologia.

Admitimos que abrir a caixa preta da tecnologia não é, simplesmente, reconhecer aspectos sociais do desenvolvimento científico para atingir processos democráticos no campo tecnocientífico. Por exemplo, reivindicando a tecnologia na ACT ou na Educação Científica e Tecnológica mostrando a impossibilidade do desenvolvimento científico perante a possível ausência da Tecnologia. Atentar para aspectos tecnológicos, como requisito para uma Educação Científica, a exemplo do trabalho de Maiztegui *et al.* (2002), mantém a caixa preta fechada.

Embora seja naturalizado no âmbito do Ensino de Ciências, a naturalização da (pseudo) presença da Tecnologia se cristaliza mesmo naqueles espaços geográficos em que admitiram a Educação Tecnológica específica e como um campo educacional diferente do campo da Ciência. Em uma pesquisa acerca do estudo da Tecnologia por parte do currículo escolar argentino, Niezwida (2012) indica que, mesmo tendo um espaço próprio para o estudo da Tecnologia, os objetivos da Alfabetização Tecnológica supõem pensamentos e práticas com elementos característicos da perspectiva instrumental ou substantivista.

Defendemos que reconhecer a epistemologia singular da Tecnologia, vinculada às suas diferentes dimensões, indica nesses termos a sua independência com respeito à Ciência. Tal aspecto, ao mesmo tempo que extrapola a construção do conhecimento científico, precisa ingressar no campo educacional pela sua própria iniquidade no plano social, demandando ações concretas de participação e âmbitos de democratização.

Referências

BAZZO, W. A. **Ciência, Tecnologia e Sociedade**: e o contexto da educação tecnológica. 2. ed. rev. e atual. Florianópolis: Ed. da UFSC, 2010.

BIJKER, W. La construcción social de la baquelita: hacia una teoría de la invención. *In:* THOMAS, H.; BUCH, A. **Actos, actores y artefactos**. Sociología de la tecnología, Bernal, Universidad Nacional de Quilmes, 2013.

BLOOR, D. **Knowledge and social imagery**. Routledge and Kegan Paul, 1976.

BYBEE, R.W. **Achieving Scientific Literacy**: from purposes to practices. Portsmouth: Heinmann Publishing, 1997.

CAJAS, F. Alfabetización Científica y Tecnológica: La Transposición Didáctica del Conocimiento Tecnológico. **Enseñanza de las Ciências**, v. 19, n. 2, p. 243-254, 2001.

COLLINS, H. The Sociology of Scientific Knowledge: Studies of Contemporary Science. **Annual Review of Sociology**, v. 9, p. 265-285, 1983.

CUPANI, A. La peculiaridad del conocimiento tecnológico. **Scientiæ Studia**. São Paulo, v. 4, n. 3, 2006.

CUPANI, A. **Filosofia da tecnologia: um convite**. Florianópolis: Ed da UFSC. 2011.

CUPANI, A. Sobre la dificultad de entender filosóficamente la tecnología. **ArtefaCToS. Revista de estudios de la ciencia y la tecnología.** v. 7, n. 2, p. 127-144, 2018.

DAGNINO, R. O que é o PLACTS (Pensamento Latino-americano em Ciência,Tecnologia e Sociedade)? ***Ângulo***, v. 140, p. 47-61, jan./mar. 2015.

DAGNINO, R.; THOMAS, H.; DAVYT, A. El pensamiento en ciencia, tecnología y sociedad en Latinoamérica: una interpretación política de su trayectoria. **Revista de Estudios Sociales de la Ciencia**, v. 3, n. 7, p. 13-52, set. 1996.

DEBOER, G. E. Scientific literacy: another look at its historical and contemporary meanings and its relationship to science education reform. **Journal of Research in Science Teaching**, v. 37, n. 6, p. 582-601, 2000.

DELIZOICOV, D.; AULER, D. Ciência, tecnologia e formação social do espaço: questões sobre a não-neutralidade. **Alexandria: revista de educação em ciência e tecnologia**, Florianópolis, v. 4, n. 2, p. 247-73, 2011.

DÍAZ, J. A. A.; ALONSO, Á. V.; MAS, M. A. M. Papel de la educación CTS en una alfabetización científica y tecnológica para todas las personas. **Revista Electrónica de Enseñanza de las Ciencias,** v. 2, n. 2, p. 80-111, 2003.

FEENBERG, A. **Questioning Technology**. Routledge, 1999.

FOUREZ, G. **Alfabetización Científica y Tecnológica**: Acerca de las finalidades de la Enseñanza de las Ciencias. 1. ed. 3. reimp. Buenos Aires: Ediciones Colihue, 2005.

HURD, P. D. Scientific Literacy: new minds for a changing world. **Science & Education**, v. 82, n. 3, p. 407-416, 1998.

KUHN. T. A **Estrutura das revoluções Científicas**. São Paulo, Perspectiva, 1978 [1962].

LATOUR, B. **Science in action**: how to follow scientists and engineers through society. Harvard University Press, 1987.

LAUGKSCH, R. C. Scientific literacy: A conceptual overview. **Science & Education**, v. 84, n. 1, p. 71-94, 2000.

LINSINGEN, I. Perspectiva educacional CTS: aspectos de um campo em consolidação na América Latina. **Ciência & Ensino**, v. 1, p. 1-19, 2007.

LÓPEZ; A. GONZÁLEZ, M.; LUJÁN, J. L. El estudio social de la Ciencia y la Tecnología: Controversia, fusión fría y posmodernismo. *In*. ALONSO, A.; AYERSTAN, I.; URSÚA, N. **Para comprender Ciencia, Tecnología y Sociedad**. España: Editorial Verbo Divino, 1996.

LORENZETTI. L. A Alfabetização Científica e Tecnológica: pressupostos, promoção e avaliação na Educação em Ciências. *In*: MILARÉ, T.; RICHETTI, G. P.; LORENZETTI, L.; PINHO-ALVES, J. (Org.) **Alfabetização científica e tecnológica na educação em ciências**: fundamentos e práticas. 1. ed. São Paulo: Livraria da Física, 2021, pp. 47-73.

MAIZTEGUI, A. *et al.* Papel de la tecnología en la educación científica: una dimensión olvidada. Enseñanza de la Tecnología. **Revista Iberoamericana de Educación**, n. 28, Madrid: OEI, 2002.

MILARÉ, T.; RICHETTI, G. P. História e compreensões da Alfabetização Científica e Tecnológica. *In*: MILARÉ, T.; RICHETTI, G. P.; LORENZETTI, L.;

PINHO-ALVES, J. (org.). **Alfabetização científica e tecnológica na educação em ciências**: fundamentos e práticas. 1. ed. São Paulo: Livraria da Física, 2021, pp.19-45.

MITCHAM, C. *¿Qué es la filosofía de la tecnología?* Barcelona: Editorial Anthropos, 1989.

NIEZWIDA, N, R. A. **Educação Tecnológica com perspectiva transformadora**: a formação docente na constituição de estilos de pensamento. 2012. 423 f. Tese (Doutorado em Educação Científica e Tecnológica) – Programa de Pós-Graduação em Educação Científica e Tecnológica. Universidade Federal de Santa Catarina, Florianópolis, 2012.

ORTEGA Y GASSET, J. **Meditación de la técnica y otros ensayos de filosofía**. Madrid: Alianza Editorial, 1998

RAMIREZ SANCHEZ, S. L. Metáforas tecnológicas y emergencia de identidades. **Rev. iberoam. cienc. tecnol. soc.**, Ciudad Autónoma de Buenos Aires, v. 3, n. 9, p. 33-52, ago. 2007.

SASSERON, L. H.; CARVALHO, A. M. P. Alfabetização científica: uma revisão bibliográfica. **Investigações em ensino de ciências**, Porto Alegre, v. 16, n. 1, p. 59-77, 2011.

THOMAS, H. Tecnología y escasez, una racionalidad productiva diferenciada. **Doxa**, Buenos Aires, v. 5, p. 62-71, 1994.

CAPÍTULO 2

Bases epistemológicas de um grupo de pesquisa para o desenvolvimento da cultura *maker* no Ensino de Ciências

Percy Fernandes Maciel Jr[1]
Marcelo Lambach[2]
Nancy Rosa Alba Niezwida[3]

A crise da educação e sua dimensão epistemológica

A CONSTATAÇÃO de que a educação formal vive uma crise no presente é algo que não requer um grande esforço para produção de provas nem a orientação do olhar de uma concepção específica de sociedade. Todavia, a tarefa de identificação de suas características, suas origens e de possíveis soluções está intimamente ligada à forma como concebemos a sociedade e as relações entre os indivíduos que a constituem.

No caso específico da Educação Científica, Pozo e Crespo (2009) argumentam que o fato de os alunos não aprenderem a ciência que lhes é ensinada resulta principalmente de um currículo defasado em relação à sociedade para a qual ele é dirigido. O foco principal de sua crítica repousa sobre o currículo

---

1 Professor do Instituto Federal do Paraná – IFPR, Palmas, Paraná, BR. Membro do Grupo de Pesquisa em Educação Química, Ciências e Tecnologia (GPECT). E-mail: fernandes.junior@ifpr.edu.br.

2 Professor da Universidade Tecnológica Federal do Paraná – UTFPR, Curitiba, Paraná, BR. Líder do Grupo de Pesquisa em Educação Química, Ciências e Tecnologia (GPECT). E-mail: marcelolambach@utfpr.edu.br.

3 Professora da Facultad de Arte y Diseño, Universidad Nacional de Misiones – UNaM, Oberá, Misiones, AR. Membro do Grupo de Pesquisa em Educação Química, Ciências e Tecnologia (GPECT). Diretora projeto "La transposición de la propuesta de Paulo Freire a la enseñanza de la tecnología: hacia la transformación de conocimientos y prácticas tecnocráticas y descontextualizadas (UNaM, ID: 16/D1041). E-mail: niezwida.nancy@fayd.unam.edu.ar.

contemporâneo ainda estar fortemente fundamentado em uma concepção positivista do conhecimento.

Nessa perspectiva epistemológica, os dados extraídos do objeto forneceriam acesso direto à verdade sobre este objeto, possibilitando o desvelamento das leis que governam sua existência. Assumir que os conhecimentos e os valores que se fazem presentes no pensamento são determinados pela natureza da realidade exterior ao ser humano, para serem "descobertos" por meio da observação, rejeitando as *abstrações flutuantes* enquanto fonte do conhecimento humano. Isso trouxe para o interior do ambiente escolar uma forma de pensar o "fazer ciência" divorciada da dimensão subjetiva do sujeito cognoscente.

Abstrações flutuantes, segundo Pedroso (2018), é o termo empregado pela autora americano-russa Ayn Rand (1905-1982) em seu sistema filosófico denominado *Objetivismo* para representar as abstrações que não possuem correlatos reais. Tal sistema se encontra assentado em três axiomas: a "existência existe", independentemente de haver um observador; a consciência existe, sendo a faculdade de perceber aquilo que existe; e aquilo que existe possui uma forma própria, intrínseca, de existir.

Como diferença em relação ao positivismo clássico, o objetivismo de Rand não rejeita a metafísica como princípio constitutivo do conhecimento, mas adota uma versão pautada apenas por percepções daquilo que existe, conforme seus três axiomas (PEDROSO, 2018).

Tanto para o positivismo como para o objetivismo, a capacidade de focar em um alvo de pensamento, a volição, existe, mas é resultado de um fenômeno de causalidade ambiente-indivíduo segundo regras específicas previsíveis no positivismo, e de uma escolha inicial arbitrária (livre arbítrio), porém sempre fundamentada por *perceptos reais*, do próprio indivíduo (PEDROSO, 2018).

A concepção positivista, bem como a objetivista, conferem à racionalidade primazia sobre a constituição do conhecimento ao concebê-la como manifestação perceptual da forma de existência do próprio objeto, limitando o escopo do processo de constituição do conhecimento à relação sujeito-objeto.

Nessa perspectiva, a linguagem, ao conduzir os conteúdos de pensamento entre os indivíduos, faria uso da mesma forma lógica que manifesta a existência dos objetos e fatos do mundo, o que coaduna com a ideia de que o conhecimento se encontra na própria linguagem.

O movimento iluminista do século XIX, que inspirou o filósofo francês Auguste Comte (1798-1857) a desenvolver sua doutrina filosófica positivista, trocou a figura mítica de um princípio divino criador enquanto origem das coisas, pela razão. Mudou a fonte, mas não sua localização. O ser humano passaria a utilizar a razão ao invés da fé para explicar o mundo. Isso rompeu amarras que impediam o desenvolvimento da ciência moderna, liberando o ser humano como livre observador do universo. Todavia, ao adotar a concepção de neutralidade do observador, se limitou a compreender o ser humano como parte passiva do processo de constituição do conhecimento. Em resumo, o conhecimento estaria nas coisas e poderia ser delas extraído por meio da linguagem, que seria capaz de reproduzir a mesma forma lógica constitutiva das leis intrínsecas das coisas ao relacionar os conteúdos de pensamento, em nada dependendo da particularidade do sujeito cognoscente.

Esse divórcio, entre o pensamento científico e as condições psicológicas que coordenam os comportamentos dos indivíduos cognoscentes, que mantém o foco nas condições externas, é problemático, pois limita o potencial explicativo da volição, da criatividade e da cultura enquanto parte do processo de construção do conhecimento. Devemos concordar que se este não fosse um problema, não estaríamos enfrentando boa parte da crise que hoje habita o ambiente escolar, pois as dificuldades de aprendizagem dos alunos, segundo Pozo e Crespo (2009), não se resumem ao não domínio da racionalidade presente na linguagem que descreve o conhecimento a ser aprendido.

Pode-se argumentar que o desinteresse dos alunos em aprender ciências, bem como os demais componentes curriculares, se deva, dentre outros fatores, à precariedade das condições materiais de produção de sua existência, como a insegurança alimentar, a necessidade de trabalho concomitante aos estudos, a falta de ambientes escolares adequados e de ferramentas de suporte, como computadores, internet e laboratórios bem equipados. Todavia, mesmo não sendo esta a realidade de boa parte dos alunos que frequentam as escolas particulares, não nos parece que nesse caso a falta de interesse esteja ausente. Os melhores resultados das escolas privadas sobre as públicas, tanto em relação à eficiência da escola (SAMPAIO; GUIMARÃES, 2009) como em relação ao desempenho dos alunos em testes padronizados (MORAES; BELLUZZO, 2014), embora possa, a princípio, confirmar o argumento da precariedade das condições materiais de produção da existência, não explicita os condicionamentos da aprendizagem impostos pelas dimensões, sociocultural e econômica, que se apresenta à sociedade brasileira como um todo. A tradição cultural, que reproduz formas de pensar o mundo, colonizadas pelos interesses da ideologia de mercado às demais instâncias da vida, reforçam posicionamentos epistemológicos positivistas/objetivistas, implícitos, por exemplo, em conceitos como o da meritocracia, que reforça posicionamentos individualistas e de competição.

A diferença entre os resultados escolares entre países de capitalismo de dependência, colonizados financeiramente, como o Brasil, para países de economias menos dependentes, transparece, por exemplo, em avaliações como o *Programme for International Student Assessment* (PISA) da Organização para a Cooperação e Desenvolvimento Econômico (OCDE). Em sua última avaliação (BRASIL, 2018), a pontuação dos alunos brasileiros, incluindo escolas privadas e públicas, para os testes de proficiência em Ciências, chega a ser quase 25% menor que nos países mais bem ranqueados.

Assim, resta concluir, como um dos fatores responsáveis pelas dificuldades de aprendizado dos alunos em Ciências e pelo seu consequente desinteresse, para além das precariedades das condições de aprendizagem, a não adequação entre a forma de ensinar e a forma de aprender. Isso demanda uma concepção epistemológica que inclua o fator subjetivo humano na busca pela compreensão das relações entre ensino e aprendizagem.

Quando nos referimos à "forma" de ensinar e de aprender, estamos fazendo referência a como os conteúdos científicos são apresentados e como eles se organizam no interior do currículo. A "forma" se manifesta por meio de regras, relações particulares entre os conteúdos, expressas nos processos comunicativos. Quando dizemos que "Um automóvel desloca-se em linha reta com aceleração constante igual a 2,0 m/s^2", estamos expressando relações de dependência contextualizadas entre os conceitos de objeto, movimento, trajetória, aceleração e constância, que só passam a fazer sentido para o aluno, caso possuam em seu repertório cognitivo certo grau de generalização, ou seja, que já exista uma rede de características (outros conceitos) ligadas a eles, para que comparações possam ser realizadas, promovendo novas categorizações a partir das percepções advindas de novas experiências. Compreendemos aqui os conceitos como categorias resultantes do agrupamento de perceptos a partir do reconhecimento de identidades compartilhadas entre eles.

Por exemplo, o conceito representado pelo grafema "banana", dentro da cultura popular, pode estar relacionado à categoria das "frutas", mas também à dos "alimentos doces" e dos "objetos amarelos". Já na cultura científica, pode ser relacionado à categoria "fontes naturais de carboidratos ou de potássio", e assim por diante.

Podemos inferir então, que a forma de pensar e comunicar conceitos e relações entre eles não é apenas uma construção subjetiva dos alunos, como também traz forte influência da cultura à qual eles pertencem.

Não é o objetivo deste texto discutir o conceito de cultura, mas podemos assumir, sem nenhum prejuízo a seu entendimento, que a cultura é o conjunto de produtos criados, reproduzidos e compartilhados por um grupo de seres humanos, no âmbito das relações que estabelecem entre si e com o mundo, dos quais, conhecimentos e valores fazem parte (CORTELLA, 2016).

A epistemologia comparativa de Ludwik Fleck como alternativa

É fundamental a compreensão dos aspectos relacionais entre objetividade e subjetividade, mas a equação não estaria completa sem outra dimensão constitutiva do conhecimento, a social. De acordo com a teoria epistemológica comparativa do médico polonês Ludwik Fleck (1896-1961), o caráter relacional do conhecimento encontra sua melhor descrição em uma teoria fundamentada no trinômio: sujeito, objeto e estado de conhecimento. Esse estado seria caracterizado por um *estilo de pensamento* (EP) próprio de um grupo particular denominado de *coletivo de pensamento* (CP).

Se definirmos o coletivo de pensamento como a comunidade de pessoas que trocam ou se encontram numa situação de influência mútua de pensamentos, temos, em cada uma dessas pessoas, o portador do desenvolvimento histórico de uma área de pensamento, de um determinado estado de saber e da cultura, ou seja, de um estilo específico de pensamento. Assim, o coletivo de pensamento representa o elo na relação que procurávamos (FLECK, 2010, p. 82).

Fleck se opõe ao pensamento positivista ao apresentar o fato científico como uma construção social e histórica, e não como uma manifestação indelével dos objetos, constatada pela observação, cuja lógica intrínseca de existência pode ser capturada pela linguagem. O conhecimento é concebido como a atividade humana mais social, sendo que o ato de conhecer só fará sentido no interior de um CP (FLECK, 2010).

Embora Fleck tenha feito a apresentação de sua teoria a partir da análise do desenvolvimento de um fato científico, mais precisamente a formação do conceito da determinação sorológica da sífilis, afirma que um EP sempre se constitui a partir de um processo comunicativo, mesmo que de apenas dois sujeitos.

Um EP pode ocorrer de forma temporária, mesmo em uma simples conversa entre dois indivíduos, na qual se instaura uma "atmosfera" que proporciona a cada um deles manifestar ideias cujo surgimento não se daria se estivessem sozinhos ou em outra companhia. A inserção de outros indivíduos neste pequeno coletivo, por si só, já seria suficiente para provocar uma alteração desta atmosfera, fazendo desaparecer a força criativa do coletivo anterior, dando origem a um novo CP. (FLECK, 2010, p. 87).

A constituição de um EP passaria por duas fases de desenvolvimento. Uma inicial na qual os participantes do jovem CP apresentam protoideias ou pré-ideias que se constituem nos chamados *acoplamentos ativos*.

Os acoplamentos ativos, embora estejam submetidos à vontade dos sujeitos, portanto em sua subjetividade, surgem sempre a partir da constituição de EPs temporários, ou seja, têm natureza coletiva. São eles que representam as diferentes linhas de pensamento que concorrem pela orientação do "sentir seletivo" e do "agir dirigido" durante a constituição do CP (FLECK, 2010).

Com o passar do tempo, algumas dessas ideias perdem a força e outras vão se sedimentando como um núcleo de sustentação lógica, assumindo o status de realidade, objetividade e efetividade. Tais ideias sedimentadas passam a ser denominadas por *acoplamentos passivos*. Nessa fase final, denominada de *clássica*, os acoplamentos passivos passam a predominar e se constituem como elemento de resistência à introdução de novas ideias, exercendo a coação do EP sobre seus participantes, determinando a forma de pensar e os conteúdos válidos para o pensamento, além de introduzirem filtros no olhar dos participantes para o mundo (FLECK, 2010).

Uma vez delimitadas as fronteiras do EP, e atingida sua estabilidade, surgem duas categorias de participantes: uma menor, a dos especialistas ou iniciados em determinada área de conhecimento, denominada *círculo esotérico*, e outra mais abrangente, a dos leigos sobre tal área ou conhecimento, denominada *círculo exotérico* (FLECK, 2010).

A distribuição de forças nessa hierarquia depende do fechamento dos círculos. Quanto mais democrático for o CP, mais forte será o exotérico, o que proporciona um ambiente adequado para o desenvolvimento de novas ideias. Quanto mais enrijecido, mais forte será o esotérico, e menos predisposto ao debate de novas ideias e mais coercitivo.

Tal estado determinará como as ideias circularão no interior do CP, *circulação intracoletiva*, ou entre CPs distintos, *circulação intercoletiva* (FLECK, 2010).

Cultura *Maker* e o Ensino de Ciências

O Movimento Maker (MM) surge no início da década de 2000 inspirado pelo movimento *do-it-yourself* (DIY) da década de 1950. Segundo Mckay (1998), este movimento surge como resposta do cidadão comum à escassez de produtos, imposta pela concentração de esforços na reconstrução dos países afetados pela segunda guerra mundial.

De acordo com Turner (2018), três eventos históricos constituíram o pontapé inicial do MM: o crescimento da insegurança econômica provocada pela precarização do trabalho formal; o surgimento de equipamentos e plataformas que diminuíram o tamanho e o custo dos processos de fabricação digital, e o fortalecimento das comunidades de *makers* por meio do compartilhamento de informações especializadas e de *software open source*; e a persistência do artesanato como prática cultural estadunidense.

Personalidades do Vale do Silício identificaram nesse movimento uma oportunidade de promover suas ideias sobre o desenvolvimento da criatividade individual como base potencial de um novo futuro para a indústria. Entre eles destacam-se: Dale Dougherty, editor da revista Make e promotor da primeira convenção de *makers* – a *Maker Faire* em maio de 2006, a quem se credita a criação do termo Movimento *Maker*; Neil Gershenfeld, físico, professor do *Massachusetts Institute of Technology* (MIT), fundador do primeiro Fab Lab em 2001; o jornalista e escritor Cory Doctorow, autor do romance de ficção *Makers* de 2009, o físico e escritor Chris Anderson, autor do livro *Makers: The New Industrial Revolution* de 2012; e os empresários Mark Hatch, *Chief*

Executive Officer (CEO) e cofundador da *TechShop*, uma cadeia *makerspaces* com fins lucrativos, e autor do livro *The Maker Movement Manifesto* de 2014; e David Lang, autor do livro *Zero to Maker: A Beginner's Guide to the Skills, Tools, and Ideas of the Maker Movement* de 2013 (TURNER, 2018) .

O apelo produzido nos jovens pelos primeiros espaços *maker* nos Estados Unidos da América (EUA) como ambientes de liberdade para o trabalho criativo, para a circulação de ideias e, principalmente, para o desenvolvimento de um senso de comunidade, foi rapidamente percebido pelos promotores do MM que enxergaram uma nova possibilidade de educação não formal.

Para o estudo das relações entre a CM e a Educação brasileira, entendemos que seja didático separarmos dois momentos históricos. O primeiro, caracterizado pela ênfase no pensamento computacional (YONASHIRO, 2015), seguido da implantação dos primeiros Espaços *Maker* e *FabLabs* em instituições públicas de ensino superior e tecnológico, voltados ao desenvolvimento de oficinas *maker* nas quais recursos como impressoras 3D, cortadoras laser, e fresadoras de comando numérico computadorizado (CNC) passaram a ser usadas como apoio à promoção de práticas de criação colaborativa e da multidisciplinaridade (BORGES; PERES; FAGUNDES, 2016; CABEZA; ROSSI; MARCHI, 2016).

O segundo momento se caracteriza pelo olhar mais crítico sobre a CM (SILVA, 2017) a partir da identificação de certa subteorização de tais atividades ao privilegiarem o fazer em relação ao refletir, o que levou à busca de referências críticas como Álvaro Vieira Pinto (1909-1987) e Paulo Freire (1921-1997) para fundamentar o debate sobre as relações entre ciência, tecnologia e educação.

Na atualidade dos anos 2020, outro tema vem tomando forma nos estudos acadêmicos sobre as relações entre CM na Educação – o da formação de professores. Em uma revisão sistemática de literatura (RSL) realizada por nós em 2022, ainda não publicada, foram encontradas, em diversas bases de dados consultadas, apenas três dissertações de mestrado acadêmico, uma dissertação de mestrado profissional e duas teses de doutoramento acadêmico que abordavam o tema CM e Formação de Professores.

Com base em momentos anteriores de inserção de novas tecnologias na educação brasileira, como no caso das TICs entre as décadas de 1990 e 2000, caracterizadas pela adoção de computadores, *notebooks* e do acesso à internet, o investimento do Estado não veio acompanhado de mudança significativa da cultura escolar, pois como argumenta Pinto (2008), os condicionamentos impostos pela verticalização do processo não substituem a cultura de cada unidade escolar (enquanto CPs que guardam contextos singulares e EPs próprios), necessitando tal inserção ser realizada a partir da reflexão dos professores e das equipes pedagógicas a partir de seus contextos e do conhecimento prévio das tecnologias que se pretendem aderir à cultura escolar.

Defendemos que a adoção da CM no ensino para a aprendizagem de Ciências seja conduzida a partir da identificação das dificuldades específicas enfrentadas pelos professores em suas práxis. Tal postura viabilizaria a dialética necessária ao processo de reflexão sobre a relação entre a intencionalidade da ação docente, aquilo que o professor espera que os alunos aprendam, e os resultados desta ação, aquilo que os alunos efetivamente aprendem.

A CM possui como principais valores, mais como caráter prescritivo e sujeito a adaptações do que normatizante, aqueles defendidos por um de seus proponentes, o empresário estadunidense Mark Hatch, em seu livro de 2013, *Maker Movement Manifesto*: fazer, compartilhar, presentear, aprender, equipar-se, divertir-se, participar, apoiar e mudar. Sobre tais valores, Hatch (2013, p. 2) comenta: "*In the spirit of making, I strongly suggest that you take this manifesto, make changes to it, and make it your own. That is the point of making*".

Os *makerspaces* são ambientes onde o espírito colaborativo, a criatividade e a pesquisa são incentivadas como fundamentos do fazer. Defendemos que, caso esses três aspectos sejam concebidos como um produto da interação cognitiva entre os participantes de um CP, e não a partir da relação bilateral observador/objeto, uma vez assumidos como princípios educativos, poderiam contribuir para a superação das dificuldades de aprendizagem em Ciências apontadas por Pozo e Crespo (2019).

A epistemologia fleckiana, fundamentando a elaboração das ações docentes e orientando a análise de seus resultados, proporcionaria o desvelamento dos fatores socioculturais e econômicos que colonizam a escola ao evidenciar as diferenças entre as características simbólicas que um mesmo conceito apresenta em EPs distintos e a forma que conduz o pensamento e o olhar dirigido para o mundo em cada um desses EPs. Dessa forma, alcançaríamos possíveis respostas para as fontes das dificuldades enfrentadas pelos alunos no aprendizado de Ciências.

Por exemplo, a dificuldade de significação, uma vez instaurada a dinâmica de circulação intracoletiva e intercoletiva de ideias, dentro do espírito colaborativo da CM, seria conduzida pela especificidade de cada EP temporário resultante da interação entre os alunos. Caberia ao professor, enquanto especialista de sua área de ensino, evidenciar os acoplamentos passivos associados pelo aluno em cada ação construtiva durante as diferentes etapas de solução do problema ou do projeto propostos. Ao contrário da ilusória transmissão de conhecimento positivista, do professor para os alunos, teria lugar um processo de construção social de conhecimentos historicamente produzidos e de sua significação a partir da identificação dos diversos contextos de suas relações com o mundo.

Quanto ao controle metacognitivo sobre os procedimentos realizados durante o processo de solução de um problema, devemos lembrar que, ao expandirmos o escopo do ambiente no qual se constitui o problema, de situações idealizadas no papel para situações planejadas de interação com o mundo, se apresentam ao processo de construção do conhecimento variáveis que até então eram desprezadas ou até mesmo esquecidas. Ao lidarmos com elas, surgem contradições entre as previsões do modelo mental em construção e os resultados obtidos na prática pelo aluno, se constituindo em estímulos mais claros e cheios de significados que estimulam a reflexão, possibilitando o surgimento de acoplamentos ativos que podem concordar ou discordar dos passivos já presentes na Ciência transposta pelo professor em sua ação docente.

Nesse ponto, se torna necessária a identificação pelo professor dos *objetos limítrofes* (DELIZOICOV, 2002), conceitos que são comuns a diferentes EPs, mas que podem possuir vínculos categoriais distintos em cada EP. Por exemplo, o conceito de trabalho na Física diverge daquele utilizado no cotidiano, que se aproxima muito mais do conceito de trabalho em teorias econômicas. Uma pessoa pode estar realizando um trabalho remunerado, carregando uma caixa no colo ao longo de uma trajetória retilínea e horizontal, mas não realizar trabalho mecânico.

Esse tipo de conflito conceitual não é tão evidente na perspectiva positivista de uma aula expositiva ou da solução de um problema idealizado no papel, mas surge a todo momento em atividades práticas características da CM.

Já o interesse é uma característica subjetiva pertencente à dimensão do desejo daquilo que não existe no mundo. Todavia, como defende Pain (2012), subjetividade e objetividade compartilham o mesmo material cognitivo, e este, em consonância com Fleck (2010), é resultado do compartilhamento intersubjetivo de experiências entre os sujeitos de um mesmo grupo social. Dessa forma, o compartilhamento do conhecimento que fundamenta a CM constituiria um elemento importante para o surgimento do interesse no aluno, não mais como um mero consumidor passivo, mas como um produtor ativo, que reproduz e transforma essa cultura, conferindo sentido às suas ações e constituindo sua identidade.

Por fim, mas não menos importante, conceber o uso da CM na educação sem uma fundamentação epistemológica e pedagógica que oriente as ações docentes, permitindo a análise posterior dos resultados em contraposição aos objetivos pretendidos pela ação, garantindo à ação docente um escopo científico, poderia permitir a colonização de conceitos provenientes de outros EPs como o econômico, o religioso, ou de outras áreas que não sejam simpáticas à reflexão ou que não permitam a validação de seus pressupostos fundadores.

Isso faz parte da análise sobre a inserção da CM na educação feita por Turner (2018) sobre uma concepção individualista e elitista do processo de superação das dificuldades centradas numa criatividade que carrega o *status* de iluminação espiritual presente no modelo californiano, por Bevan (2017), da tendência à subteorização da CM na educação, e por Silva (2017) sobre o desenvolvimento do hábito de automação da cópia devido à facilidade produtiva dos processos digitais, mas principalmente da iniquidade de acesso aos processos digitais e à impermeabilidade dos currículos escolares.

Referências

BEVAN, Bronwyn. **The promise and the promises of Making in science education. Studies in Science Education**. v. 53, n. 1, p. 75-103, 2017. Disponível em: https://www.ecsite.eu/sites/default/files/bevan_making_sse-min.pdf. Acesso em: 17 ago. 2019.

BORGES, Karen Selbach; PERES, André; FAGUNDES, Léa da Cruz. **Mediação Pedagógica nas Oficinas de Criatividade do POALab**. Disponível em: https://fablearn.org/wp-content/uploads/2016/09/FLBrazil_2016_paper_16.pdf. Acesso em: 20 maio 2023.

BRASIL. **Relatório Brasil no PISA 2018**. Brasília: Ministério da Educação, 2018. Disponível em: https://download.inep.gov.br/publicacoes/institucionais/avaliacoes_e_exames_da_educacao_basica/relatorio_brasil_no_pisa_2018.pdf. Acesso em: 26 maio 2023.

CABEZA, Edison Uriel Rodríguez; ROSSI, Dorival; MARCHI, Vitor. **Sagui Lab**: Cultura Maker na sala de aula. Disponível em: http://104.152.168.36/~fablearn/wp-content/uploads/2016/09/FLBrazil_2016_paper_158.pdf. Acesso em: 20 maio 2023.

CORTELLA, Mario Sergio. **A escola e o conhecimento**: fundamentos epistemológicos e políticos. 15. ed. São Paulo: Cortez, 2016.

DELIZOICOV, Demétrio *et al.* Sociogênese do conhecimento e pesquisa em ensino: contribuições a partir do referencial fleckiano. **Cad. Bras. De Ens. de Fís.**, v. 19, número especial, p. 52-69, jun. 2002. Disponível em: https://periodicos.ufsc.br/index.php/fisica/article/view/10054. Acesso em: 21 set. 2021.

FLECK, Ludwik. **Gênese e desenvolvimento de um fato científico**. Trad. Georg Otte e Mariana Camilo de Oliveira. Belo Horizonte: Fabrefactum, 2010.

FREIRE, Paulo. **Pedagogia do oprimido**. Rio de Janeiro: Paz e Terra, 1987.

HATCH, Mark. **The Maker Movement Manifesto**: rules for innovation in the new world of crafters, hackers, and thinkeres. MacGraw Hill Education, 2014.

MCKAY, George. **DiY Culture**: Party & Protest in Nineties Britain. London, 1998.

MORAES, André Guerra Esteves de; BELLUZZO, Walter. O diferencial de desempenho escolar entre escolas públicas e privadas no Brasil. **Nova Economia**, Belo Horizonte, v. 4, n. 2, p. 409-430, mai. 2014. Disponível em: https://www.redalyc.org/pdf/4004/400434062010.pdf. Acesso em: 18 maio 2023.

PAIN, Sara. **Subjetividade e objetividade**: Relação entre desejo e conhecimento. São Paulo: Vozes, 2012.

PEDROSO, Bill. **Objetivismo versus Positivismo Clássico**. Objetivismo Brasil, 2018. Disponível em: https://objetivismo.com.br/artigo/objetivismo-versus-positivismo-classico/. Acesso em: 12 maio 2023.

PINTO, Francisco Soares. **Da lousa ao computador**: resistência e mudança na formação continuada de professores para integração das tecnologias da informação e comunicação. 2008. 179 f. Dissertação (Mestrado em Educação Brasileira) – Centro de Educação, Programa de pós-graduação em Educação, Universidade Federal de Alagoas, Maceió, 2008. Disponível em: https://www.repositorio.ufal.br/handle/riufal/304. Acesso em: 21 maio 2023.

POZO, Juan Ignacio; CRESPO, Miguel Ángel Gómez. **A aprendizagem e o ensino de Ciências**: do conhecimento cotidiano ao conhecimento científico. 5. ed. Trad. Nalia Freitas. Porto Alegre: Artmed, 2009.

SAMPAIO, Breno; GUIMARÃES, Juliana. Diferenças de eficiência entre ensino público e privado no Brasil. **Economia aplicada**, São Paulo, v. 13, n. 1, p. 45-68, jan. 2009. Disponível em: https://www.scielo.br/j/ecoa/a/5qKVPhTPX3t7R57487t5YsP/?format=pdf&lang=pt. Acessado em: 18 maio 2023.

SILVA, Rodrigo Barbosa e. **Para além do movimento *maker***: Um contraste de diferentes tendências em espaços de construção digital na Educação. 2017. 240 f. Tese (Doutorado em Tecnologia e Sociedade) – Universidade Tecnológica Federal do Paraná, Curitiba, 2017. Disponível em: http://repositorio.utfpr.edu.br:8080/jspui/handle/1/2816. Acesso em: 20 maio 2023.

TURNER, Fred. **Millenarian Tinkering:** The Puritan Roots of the Maker Movement. Johns Hopkins University Press, Baltimore, Maryland, USA, Technology and Culture, v. 59, n. 4, Oct. 2018. Disponível em: https://muse.jhu.edu/article/712117. Acesso em: 5 jun. 2021.

YONASHIRO, Mellina Mayumi Yogui. **Codemelo**. 2015. 70 p. Trabalho de conclusão de curso (bacharelado – Design gráfico) – Universidade Estadual Paulista Julio de Mesquita Filho, Faculdade de Arquitetura, Artes e Comunicação), 2015. Disponível em: https://repositorio.unesp.br/handle/11449/155081. Acesso em: 2 maio 2023.

CAPÍTULO 3

Cartografias de controvérsias mapeadas pelo Grupo de Estudos em Teoria Ator-Rede e Educação: o caso da dengue

Idener Luana Moura[1]
Bárbara Silva Vicentini[2]
Luana Pereira Leite Schetino[3]
Luciana Resende Allain[4]

Introdução

O GRUPO de Estudos em Teoria Ator-Rede e Educação (GETARE) nasceu do anseio de um grupo de pesquisadoras, professoras e estudantes de graduação e pós-graduação da Universidade Federal dos Vales do Jequitinhonha e Mucuri (UFVJM), em conhecer e aprofundar os estudos sobre a Teoria Ator-Rede (TAR). Registrado no CNPq desde 2021, esse grupo de pesquisa conta hoje com pesquisadores da UFVJM, da Universidade Federal de Ouro Preto (UFOP) e da Universidade Federal de Minas Gerais (UFMG), e atua em duas linhas de pesquisa: "Cartografia de controvérsias sociotécnicas" e "Estudos sobre Ciência, Tecnologia e Sociedade a partir da Teoria Ator-Rede". A linha de pesquisa "Cartografia de controvérsias sociotécnicas" tem

1 Mestre pelo Programa de Pós-graduação em Educação em Ciências, Matemática e Tecnologia da Universidade Federal dos Vales do Jequitinhonha e Mucuri (UFVJM).
E-mail: mouraidener@gmail.com

2 Graduanda em Medicina pela Universidade Federal dos Vales do Jequitinhonha e Mucuri (UFVJM). E-mail: barbara.vicentini@ufvjm.edu.br

3 Docente do Programa de Pós-graduação em Educação em Ciências, Matemática e Tecnologia (UFVJM) e membro do Grupo de Estudos em Teoria Ator-Rede e Educação (GETARE).
E-mail: luana.schetino@ufvjm.edu.br

4 Docente do Programa de Pós-graduação em Educação em Ciências, Matemática e Tecnologia (UFVJM) e líder do Grupo de Estudos em Teoria Ator-Rede e Educação (GETARE). E-mail: luciana.allain@ufvjm.edu.br

o objetivo de estudar as controvérsias presentes nas questões sociocientíficas e mapear os atores/actantes humanos e não humanos, assim como seus diferentes interesses envolvidos na disputa. Estudos nessa linha de pesquisa também buscam criar dispositivos visuais que evidenciem os cosmos representados pelos actantes em rede, favorecendo a tomada de decisões do cidadão sobre questões que envolvem componentes sociocientíficos. No âmbito do GETARE, várias controvérsias sociocientíficas foram estudadas sobre os mais diversos assuntos: a origem do SARS-CoV-2 e as formas de tratamento precoce da Covid-19; a *hashtag* empoderamento feminino no Instagram; as políticas educacionais em torno da formação docente; o papel das avaliações externas e internas escolares; formas de circulação dos conhecimentos científicos e tradicionais; o evento do parto e nascimento, dentre outros. Pela limitação de espaço, neste texto, traz-se o exemplo de uma dissertação de mestrado defendida no âmbito do Programa de Pós-graduação em Educação em Ciências, Matemática e Tecnologia (PPGECMaT), da UFVJM, intitulada "Controvérsias em torno dos surtos de dengue: um estudo a partir da Teoria Ator-Rede" (MOURA, 2022). Essa pode ser considerada uma controvérsia "quente", em função de estarmos vivenciando no Brasil, em 2023, um dos maiores surtos de dengue dos últimos tempos.

Começamos caracterizando o alvo da controvérsia, os surtos e a própria enfermidade em questão na literatura científica. A dengue é uma arbovirose transmitida pela fêmea do mosquito *Aedes aegypti*, presente, sobretudo, em regiões tropicais e subtropicais, com predominância na Ásia e América Latina. Estima-se que a dengue cause mais de 400 milhões de infecções por ano, sendo responsável por 11% das internações por febre na América Latina (WILDER-SMITH *et al.*, 2019). De acordo com o Mapa da Dengue (2023), desenvolvido pela Organização Mundial da Saúde (OMS), apenas no primeiro trimestre de 2023, foram feitos 80 alertas mundiais de casos de dengue, incluindo países como Estados Unidos, China, Argentina, Bolívia e Índia. Atualmente, grande preocupação para as organizações de saúde é a ameaça de uma nova epidemia de casos de dengue no território brasileiro. De acordo com o Informe Diário (2023), emitido pelo Centro de Operações de Emergência em Saúde Arboviroses, entre as semanas epidemiológicas 1 a 15 de 2023, foram notificados 789 mil casos prováveis de dengue, um aumento de 33% nas infecções em relação ao número de casos no mesmo período de 2022 (MINISTÉRIO

DA SAÚDE, 2023). Além dos prejuízos para a saúde da população, a dengue também representa um custo expressivo para a saúde pública. De 2011 a 2020, apenas referente à parcela pública, foram gastos mais de 4 milhões de reais com internações por dengue hemorrágica (OLIVEIRA *et al.*, 2021). A inserção da comunidade como protagonista no combate à dengue é fundamental para inserir práticas de prevenção no cotidiano da população, bem como intensificar as ações epidemiológicas efetivadas pelos órgãos governamentais (MENDONÇA; SOUSA, 2022).

Nesse contexto, diante da preocupação crescente para a sociedade, o papel da população no controle e prevenção da doença é fundamental, o que reforça a importância da divulgação científica, em especial a destinada ao público infantojuvenil. Os textos de divulgação científica são instrumentos úteis na educação formal das crianças, sendo de suma importância que tenham acesso à discussão de temas atuais e polêmicos do dia a dia, bem como processem a leitura de textos vinculados a tais meios (ESPINOZA, 2010). Dessa forma, a partir da Teoria Ator-Rede (TAR), utilizou-se a temática da dengue, tão relevante para o cenário mundial e nacional, conjuntamente com a divulgação científica para crianças, a fim de investigá-la como um objeto sociotécnico. A pesquisa debruçou-se sobre a seguinte controvérsia: "Quem é ou são os responsáveis pelos surtos de dengue: o mosquito, o vírus ou os seres humanos?".

A Teoria Ator-Rede (TAR) situa-se nos chamados Estudos Sociais da Ciência (*Science Studies*) e surgiu na década de 1980 a partir de contribuições de teóricos como Annemarie Mol, John Law, Michel Callon e Bruno Latour, sendo este último considerado um de seus principais proponentes (CAVALCANTE *et al.*, 2017). Também conhecida como Sociologia das Associações, a TAR busca romper com a tradição das análises sociológicas antropocêntricas, dando atenção às conexões que os humanos fazem com elementos não humanos na construção de redes sociotécnicas heterogêneas. Dessa forma, para a TAR, não apenas os humanos são capazes de agir, de interferir no ambiente e no funcionamento da sociedade, pois humanos e não humanos agem de maneira associada e complementar (VICENTINI *et al.*, 2021). Tais associações, nem sempre tranquilas e pacíficas, encontram-se permeadas por controvérsias, resultantes da disputa entre diferentes actantes (ou atores) e seus respectivos interesses. A partir do entendimento de que as redes são fluidas, móveis, imprevisíveis e abertas, alimentadas por controvérsias e compostas por actantes que se vinculam entre si, o objetivo da TAR é seguir os rastros destas conexões, mapeando a construção do social (LATOUR, 2012). Portanto, para a TAR, além dos humanos, vírus, plantas, entidades, ambientes, tecnologias, materiais, leis e outros não humanos fazem parte da construção do social e de suas controvérsias.

Advinda de uma aplicação prática da Teoria Ator-Rede, a Cartografia de Controvérsias consiste na representação visual das disputas, e envolve o mapeamento dos actantes envolvidos, seus interesses e associações em rede (VENTURINI, 2010). Considerando as incertezas que cercam os surtos de dengue, em especial quanto à sua origem e responsabilidades, defende-se como necessária uma visão amplificada e híbrida do conhecimento científico em processos de ensino/aprendizagem de ciências a partir da divulgação científica, contribuindo para posicionamentos mais conscientes diante das questões sociocientíficas.

Metodologia

Realizamos uma pesquisa qualitativa, exploratória e descritiva a partir de uma análise documental. O *corpus* do trabalho foi composto por 12 textos de edições, contendo as palavras-chave dengue e/ou surtos de dengue, na revista de divulgação científica para o público infantojuvenil Ciência Hoje das Crianças (CHC), criada e elaborada pela Sociedade Brasileira para o Progresso da Ciência (SBPC), em 1986. Tivemos acesso às edições de forma *on-line* no acervo da CAPES, com quem a CHC possui parceria. Para chegar aos 12 textos, foram levantados, no recorte temporal de 2005 a 2016, 122 edições da revista; sendo dessas, 29 contendo o objeto central da pesquisa, os surtos de dengue ou assuntos relacionados. Das 29, algumas eram referentes às sessões Cartas aos leitores, Jogos ou apresentavam a temática de forma indireta, sendo, pois, excluídos da análise. Para analisar os dados, utilizamos a Cartografia de Controvérsias (CC) (VENTURINI, 2010), que possibilitou a identificação dos actantes e seus cosmos. A CC é um conjunto de técnicas para explorar e visualizar polêmicas, questões emergentes em determinados grupos, o movimento, a circulação da ação, a fluidez da mediação, revelando as múltiplas dimensões que compõem as redes sociotécnicas. Assim, para mapear controvérsias, é necessário confeccionar uma espécie de mapa. Para a composição deste, é necessário lançar mão de algumas lentes de observação. Mais do que um guia metodológico, elas buscam focar nas diferentes camadas da controvérsia (VENTURINI, 2010).

Primeira lente: de declarações para a literatura

A primeira lente busca entender sobre o que é a controvérsia. Trata-se de delineá-la, passando dos argumentos (caoticamente esparsos na literatura e aparentemente isolados entre si) para o debate (quando articulamos os argumentos das vozes dissonantes). Para isso, a tarefa inicial é mapear as referências, revelando como os discursos dispersos são colocados nos textos. Seguindo esse mapeamento inicial de relações entre proposições polêmicas, é inevitável considerar as conexões que se espalham para além do universo textual (VENTURINI, 2010). Dessa forma, no presente trabalho, a primeira lente foi realizada após a seleção do *corpus* do trabalho, sendo analisados a capa, o sumário, os textos, boxes e figuras para entender como os argumentos estavam dispostos.

Segunda e terceira lentes: da literatura para os actantes e dos actantes para as redes

A segunda lente leva a literatura aos actantes, buscando responder ao questionamento: quem são os actantes envolvidos na controvérsia? Identifica-se quem está agindo no contexto da controvérsia – quer seja uma pessoa, uma organização, uma coisa, um animal, uma entidade, e assim por diante – uma vez que se consideram actantes humanos e não humanos, de forma simétrica. Já a terceira lente de observação envolve o desenho da rede através da interação dos actantes: actantes moldam relações e são moldados por relações. Portanto, nesta lente são identificadas as alianças e oposições entre os grupos. Para a TAR, os actantes, assim como os argumentos, nunca estão isolados nas controvérsias, ao contrário, suas identidades são definidas a partir de alianças e oposições a determinados grupos. Essa lente destina-se a visualizar essas conexões e os movimentos de individualização e aglutinações que caracterizam as controvérsias. Seguindo essas lentes, identificamos os actantes humanos e não humanos, suas performances (atuações) e suas redes.

Quarta lente: de redes para o cosmos

A quarta lente de observação leva às investigações das redes para os *cosmos*, o qual inclui o sentido de harmonia e, ao mesmo tempo, o sentido de mundo ou os interesses majoritários de cada grupo (VENTURINI, 2010). O arranjo de todos os actantes humanos e não humanos juntos, fazendo parte do contexto dos textos analisados das edições, chama-se cosmos. No caso das edições da Revista CHC, foram encontrados, nos textos analisados, cinco cosmos representando actantes com diferentes performances, os quais serão apresentados em seguida.

Resultados e Discussão

Na primeira lente avaliamos as vozes dissonantes e os argumentos presentes nas 12 edições da CHC contendo textos, imagens, boxes e capas sobre a temática. Posteriormente, pela aplicação da segunda e terceira lentes, identificamos os actantes, as redes e formação dos grupos e utilizamos o aplicativo *Gephi* na versão 0.9.2, para a montagem de uma figura representativa das interações, disponível gratuitamente do site do *software* (https://gephi.org). Pela quarta lente, percebemos a delimitação de 5 cosmos existentes: "Mosquito vilão", "Mosquito que luta para sobreviver", "Humano Cientista", "Humano que desmata" e "Vírus" (Figura 1). Esses cosmos foram agrupados por cores (branco, cinza claro, cinza escuro, grafite e preto). Os actantes de mesma cor representam um mesmo grupo de interesses. Assim, cada actante está representado em formato de círculo, e o tamanho do círculo expressa a quantidade de vezes que este aparece nos textos, traduzindo sua relevância. Em branco, foram representados os actantes relacionados ao cosmos do "Mosquito Vilão", cinza claro ao cosmos do "Mosquito que luta para sobreviver", cinza escuro ao cosmos do "Humano que Desmata", em grafite, ao cosmos do "Vírus", e em preto, ao cosmos do "Humano Cientista".

Figura 1 – Rede representando os cosmos em torno dos surtos de dengue

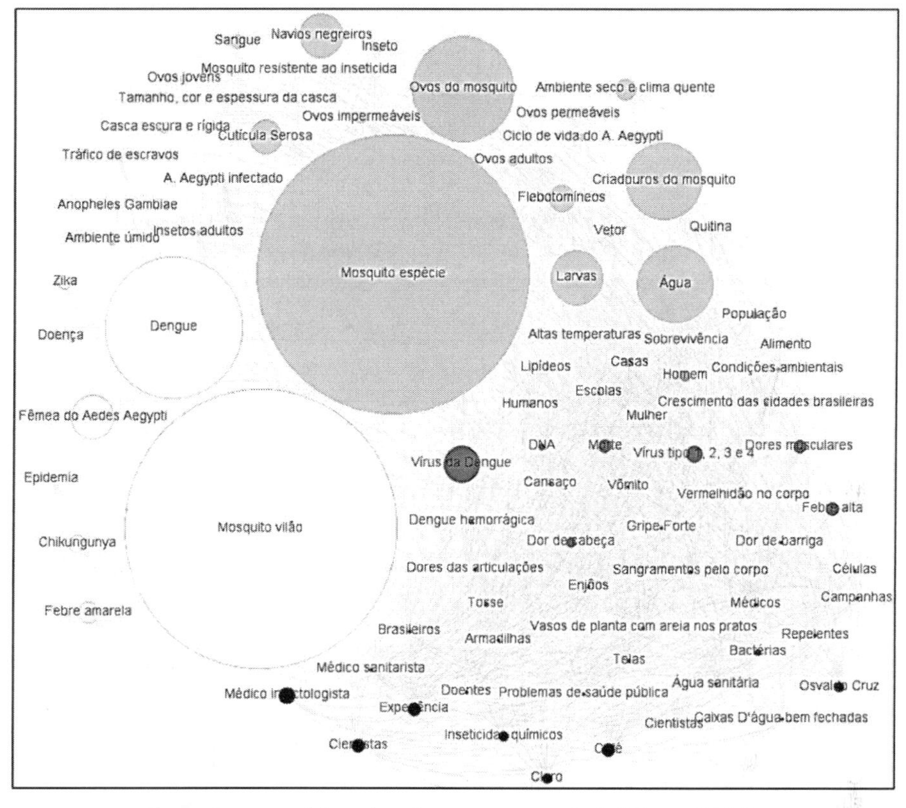

Fonte: Imagem elaborada pelas autoras a partir de Moura (2021).

Nossas análises identificaram duas performances para o mosquito da dengue:

Mosquito da dengue: o vilão da doença

Ao realizar a análise dos textos e das representações cartográficas das redes, observa-se que o grupo "Mosquito Vilão" é o mais citado das produções. Uma das conexões mais fortes que foram observadas é a sua associação com os actantes Zika, Chikungunya e Febre Amarela urbana. Dessa forma, o mosquito *Aedes aegypti* consolida-se como inimigo do ser humano e causador da doença, como reforçado pelo trecho das publicações:

"Com toda certeza, um mosquito incomoda muita gente, especialmente se for o *Aedes aegypti*, o transmissor da dengue! Tanto incomoda que, quando se fala em combate à doença, ele é o alvo" (VALLE, 2011, p. 3).

Mosquito da dengue: uma espécie que luta para sobreviver

O cosmos do "Mosquito que luta para sobreviver" descreve estratégias de sobrevivência do *Aedes aegypti*, a partir de adaptações evolutivas do mosquito. No texto "O mosquito da dengue e sua fortaleza em forma de ovo", vários actantes se conectam para o sucesso evolutivo da espécie, com destaque para o ovo e seus componentes: a casca, a cutícula serosa, o DNA, seu tamanho, a cor e a espessura da casca, como descrito no trecho a seguir:

> A receita para fabricar a cutícula serosa está 'escrita' no DNA do mosquito [...]. Mas, uma curiosidade que os cientistas descobriram é que outro mosquito, o *Anopheles gambiae* (transmissor da malária, na África), apesar de também possuir a receita para fabricar a cutícula serosa, não tem ovos tão impermeáveis quanto os do *A. aegypti*. (REZENDE, 2009, p. 10).

Na Teoria Ator-Rede, os actantes podem ser intermediários – quando carregam significados – ou mediadores – quando os deslocam, modificam. Nesse sentido, é possível afirmar que actantes como o ovo do mosquito, água, larva, ambiente úmido, criadouros do mosquito, cutícula serosa, casca escura e rígida são mediadores, pois na rede, eles têm modificado o mosquito, dando a ele condições físicas e biológicas de sobrevivência.

Assim como o mosquito, o ser humano apresenta duas performances:

Ser humano: Cientista

Desde a chegada do *Aedes aegypti*, os cientistas têm desenvolvido meios de combater o mosquito e, assim, evitar os surtos de dengue. As edições analisadas trazem a importância deste actante humano diante das epidemias. Esse ser humano cientista é retratado nos textos das edições como "salvador", conforme ilustra o trecho a seguir:

> Ninguém sabe como a doença é transmitida nem como fazer para diminuir os riscos de ser infectado. E agora, quem poderá nos defender? Esse é um trabalho para o epidemiologista, o cientista responsável por estudar todos

> os problemas que afetam a saúde de grupos humanos (e até de animais) (GARCIA, 2012, p. 22).

As intervenções do cientista agem de maneira a trazer soluções para os problemas de saúde pública nos momentos de surto de dengue. O cientista é retratado nos textos pelos seguintes termos: infectologista, médico sanitarista, médicos, Oswaldo Cruz. Ele organiza os elementos para a construção de sua rede a partir de translações de interesse. Dessa forma, a rede apresenta outros caminhos para os cientistas, utilizando-se dos mesmos actantes como centrais, trazendo outros e propondo alguns desvios. Esses desvios trazem uma reflexão sobre a tentativa de eliminar o mosquito da dengue e a atuação do homem cientista como salvador dos seres humanos diante das doenças, elencando alguns elementos que não foram muito bem-sucedidos para acabar com os surtos de dengue.

Ser humano que desmata

O homem, diante dos surtos de dengue, é um dos mais prejudicados e afetados; no entanto, suas ações são as que mais contribuem para a proliferação do mosquito. Uma das causas do surgimento da dengue é o desmatamento do ambiente natural do mosquito, levando-o a habitar as áreas urbanas. Ademais, existem evidências de que "alterações ambientais e distúrbios ecológicos, sejam eles de causa natural, sejam de causa antropogênica, exercem uma influência marcante na emergência e proliferação de certas doenças" (BRASIL, 2015). A partir da análise dessa rede, é perceptível que o cosmos do Homem que desmata é menor, quando comparado aos demais. Nela, a performance do homem como um ser que desmata e destrói a natureza de maneira insustentável não é apresentada de forma muito clara, faltam mais explicações sobre os actantes e sua relação direta com a dengue. No entanto, o que se apresenta é o ser humano que interage a partir de interesses próprios, produzindo desmatamento e, consequentemente, diminuindo o *habitat* do mosquito. Além disso, ainda promovem criadouros extremamente favoráveis ao desenvolvimento e sobrevivência do *Aedes aegypti*.

O último cosmos observado é o do Vírus.

Vírus da dengue

A transmissão da dengue se dá através da picada da fêmea do mosquito *A. aegypti*, a qual transmite o vírus do gênero *flavivírus*, da família *Flaviviridae*. A rede do vírus é heterogênea, sendo constituída por elementos não humanos, tais como vermelhidão no corpo, gripe forte, tosse, enjoos, vômitos, sendo grande parte desses os principais sintomas da doença. Assim, observa-se uma relação entre três componentes principais, sendo eles o vírus, o mosquito transmissor e o humano suscetível à contaminação, levando à cadeia de transmissão da doença.

Considerações Finais

Os textos analisados da Revista CHC sugerem o uso de duas analogias dicotômicas: de um lado, o mosquito enquanto vilão dos surtos de dengue e, de outro, o cientista como herói-salvador da doença. As analogias podem ser úteis para facilitar a compreensão do vocabulário científico e do jargão técnico, e são recursos relevantes para a elaboração de um texto de divulgação científica (MASSARANI, 1998). No entanto, é preciso cuidado ao usá-las, pois, no caso em tela, elas podem reforçar estereótipos sobre os cientistas e os mosquitos, que pouco contribuem para problematizar o desmatamento e as ocupações urbanas desordenadas. Alertar o público infantojuvenil sobre a parcela de responsabilidade dos humanos nos surtos de dengue é tarefa fundamental e pode favorecer estratégias de prevenção mais eficazes, a partir da preservação da natureza. Assim, compreende-se a importância e o desafio de propagar o conhecimento científico para que a sociedade tenha acesso, cumprindo a função primordial da divulgação científica, que é democratizá-lo e fomentar a participação da sociedade junto ao mundo da ciência, contribuindo para a inclusão dos cidadãos no debate acerca de temas sociocientíficos que impactam em seu cotidiano.

Referências

MINAS GERAIS. Secretaria de Estado de Saúde de Minas Gerais. **Boletim Epidemiológico arboviroses urbanas (Dengue, Chikungunya e Zika)**: semana epidemiológica 15/2023. Belo Horizonte, 2023. 2 p. Disponível em: https://www.

saude.mg.gov.br/images/1_noticias/06_2023/3-abri-maio-junh/17-04-BO_ARBO281.pdf. Acesso em: 20 abr. 2023.

BRASIL. Ministério da Saúde. **Informe Diário Semana Epidemiológica 15**: Centro de Operações de Emergência em Saúde Arboviroses. Brasília, 2023. 5 p. Disponível em: https://www.gov.br/saude/pt-br/composicao/svsa/resposta-a-emergencias/coes/arboviroses/atualizacao-dos-casos/informe-coe-arboviroses-19-04/view. Acesso em: 21 abr. 2023.

BRASIL. Ministério da Saúde. **Nota Informativa n° 13/2023 - CGARB/DET/SVSA/MS**. Brasília, 2023. 6 p. Disponível em: https://www.gov.br/saude/pt-br/centrais-de-conteudo/publicacoes/estudos-e-notas-informativas/2023/nota-informativa-no-13-2023-cgarb-dedt-svsa-ms/view. Acesso em: 20 abr. 2023.

BRASIL. Ministério do Planejamento, Orçamento e Gestão. **Impacto do desmatamento sobre a incidência de doenças na Amazônia**. Brasília: Instituto de Pesquisa Econômica Aplicada, 2015. Disponível em: https://repositorio.ipea.gov.br/bitstream/11058/6258/1/td_2142.pdf. Acesso em: 18 maio 2023.

BRASIL. Ministério da Saúde. **Saúde instala COE Arboviroses para monitorar aumento de casos de dengue e chikungunya no país**. Brasília, 2023. Disponível em: https://www.gov.br/saude/pt-br/assuntos/noticias/2023/marco/saude-instala-coe-arboviroses-para-monitorar-aumento-de-casos-de-dengue-e-chikungunya-no-pais. Acesso em: 20 abr. 2023.

CAVALCANTE, R. B.; ESTEVES, C.J.S.; PIRES, M.C.A.; VASCONCELOS, D.D.; FREITAS, M.M.; MACEDO, A.S. A Teoria Ator-Rede como Referencial Teórico-Metodológico em Pesquisas em Saúde e Enfermagem. **Texto & Contexto Enfermagem**, Florianópolis, v. 46, n. 4, p. 1 - 9, 2017. Disponível em: https://doi.org/10.1590/0104-07072017000910017. Acesso em 11 maio 2023.

ESPINOZA, A. **Ciências na escola**: novas perspectivas para a formação dos alunos. 1. ed. São Paulo: Ática, 2010. 168 p.

GARCIA, M. Quando crescer vou ser...epidemiologista. **Revista Ciência Hoje das Crianças**, Rio de Janeiro, ano 18, n. 164, p. 22, dez. 2005. Disponível em: https://cienciahoje.periodicos.capes.gov.br/storage/acervo/chc/chc_164.pdf#page=22. Acesso em: 11 maio 2023.

LATOUR, B. **Reagregando o Social**: uma introdução à Teoria do Ator–Rede. 1. ed. Bauru: EDUSC, 2012. 400 p.

MASSARANI, L. **A divulgação científica no Rio de Janeiro**: algumas reflexões sobre a década de 20. 1998. Dissertação (Mestrado em Ciências e Tecnologia) - Instituto Brasileiro de Informação em C&T (BICT) e Escola de Comunicação, Universidade Federal do Rio de Janeiro, Rio de janeiro, 1998. Disponível em http://www.fiocruz.br/brasiliana/cgi/cgilua.exe/sys/start.htm?infoid=462&sid=27. Acesso em 11 maio 2023.

MENDONÇA, A. V. M.; SOUSA, M. F. **Práticas Interdisciplinares de informação, educação e comunicação em saúde para a prevenção das arboviroses dengue, zika e chikungunya**: desafios teóricos e metodológicos. 1. ed. Brasília: ECoS, 2022. 202 p. Disponível em: https://ecos.unb.br/wp-content/uploads/2022/03/piiecemsaude.pdf. Acesso em: 02 maio 2023.

MOURA, I. **Cartografia de controvérsias sobre surtos de dengue:** a divulgação científica sob a perspectiva da teoria ator-rede. 2022. 89 f. Dissertação (Mestrado em Ensino de Ciências e Matemática) – Programa de Pós-graduação em Educação em Ciências e Matemática, Universidade Federal dos Vales do Jequitinhonha e Mucuri, Diamantina, 2022. Disponível em https://www.ppgecmat.com/_files/ugd/e13248_470e0a9812cd46c4b17d726e739f65f0.pdf. Acesso em: 02 maio 2023.

OLIVEIRA, A. C. de; GUIMARÃES, A. L. O. S. D.; ANTUNES, G. L.; RAMOS, L. M. A.; DE SALES, M. C. D. C.; RODRIGUES, M. M.; PRINCE, K. A. de.; GUIMARÃES, A.L.O.S.D; ANTUNES, G.L.; RAMOS, L. M. A. Febre hemorrágica da dengue: aspectos epidemiológicos e econômicos no Brasil. **Revista Unimontes Científica**, Montes Claros, v. 23, n. 2, p. 1 - 17, 2021. Disponível em: https://doi.org/10.46551/ruc.v23n2a08. Acesso em: 02 maio 2023.

REVISTA CIÊNCIA HOJE DAS CRIANÇAS. Rio de Janeiro: **Instituto Ciência Hoje**, 1990-. ISSN 0103-2054. Disponível em: https://cienciahoje.periodicos.capes.gov.br/revista-chc. Acesso em: 04 jun. 2023.

REZENDE, G. L. O mosquito da dengue e sua fortaleza em forma de ovo. **Revista Ciência Hoje das Crianças**, Rio de Janeiro, ano 22, n. 199, p. 8 - 11, 2009. Disponível em: https://cienciahoje.periodicos.capes.gov.br/storage/acervo/chc/chc_199.pdf#page=31. Acesso em: 11 maio 2023.

VALLE, D. Um mosquito que incomoda muita gente. **Revista Ciência Hoje das Crianças**, Rio de Janeiro, ano 24, n. 230, p. 2 - 5, 2011. Disponível em: https://cienciahoje.periodicos.capes.gov.br/storage/acervo/chc/chc_230.pdf. Acesso em: 11 maio 2023.

VENTURINI, T. Diving in magma: how to explore controversies with actor-network theory. **Public Understanding of Science**, Londres, v. 19, n. 3, p 258-273, 2010.

Disponível em: https://doi.org/10.1177/0963662509102694. Acesso em: 11 maio 2023.

VICENTINI, B. S.; DIAS, G. F.; FREITAS, L. C.; REGINI, L. J.; SCHETINO, L. P. L.; ALLAIN, L. R. Controvérsias em torno da origem do SARS-CoV-2: um estudo a partir da Teoria Ator-Rede. **Investigações Em Ensino De Ciências**, Porto Alegre, v. 26, n. 2, p. 271 – 289. 2021. Disponível em: https://doi.org/10.22600/1518-8795.ienci2021v26n2p271. Acesso em: 17 maio 2023.

WILDER-SMITH, A.;OOI, E.E,; HORSTICK,O.; WILLS, B. Dengue. **The Lancet**, Londres, v. 393, n. 10169, p. 350-365, 2019. Disponível em: https://doi.org/10.1016/s0140-6736(18)32560-1. Acesso em: 11 maio 2023.

ORGANIZAÇÃO MUNDIAL DA SAÚDE. **Mapa da Dengue**, 2023. Genebra: OMS, 2023. Disponível em: https://www.healthmap.org/dengue/en/. Acesso em: 20 abr. 2023.

CAPÍTULO 4

A existência e resistência do Grupo de Pesquisa CONECTAR na produção de estudos ator-rede

Raquel Gonçalves de Sousa[1]
Fábio Augusto Rodrigues e Silva[2]

Introdução

A PANDEMIA de Covid-19, causada pelo vírus SARS-CoV2, que se iniciou em 2019, gerou impactos gigantescos na vida em nosso planeta. Ela nos trouxe morte, adoecimento, empobrecimento e aumento descomunal da desigualdade. Em nosso país, as mazelas da pandemia, associadas a uma política governamental pautada em pseudociência, automedicação e contra os princípios que fundamentaram as nossas conquistas na área da imunização, nos levaram a uma montanha de cadáveres e de milhares de pessoas, que, ainda, padecem por sequelas da infecção pelo Coronavírus (BUENO; SOUTO; MATTA, 2021). Além disso, voltamos aos índices de insegurança alimentar com a população brasileira novamente no mapa da fome (CRUZ, 2020).

Para os processos educacionais, o distanciamento social imposto por governadores e prefeitos implicou na busca por novas formas de comunicação e interação entre professores e estudantes (BARBOSA; FERREIRA; KATO, 2020). Em 2020, fomos apresentados às mais diversas plataformas virtuais, que nos propiciaram e propiciam desenvolver a distância ações educacionais e de

1 Mestre em Educação e Docência pela Universidade Federal de Minas Gerais. Membro do Grupo Estudos e Pesquisas em Ensino de Ciências – ConecTAR.
E-mail: kelprofbio@gmail.com

2 Mestre e Doutor em Educação. Professor Associado no Departamento de Biodiversidade, Evolução e Meio Ambiente e no Mestrado Profissional em Ensino de Ciências da Universidade Federal de Ouro Preto – UFOP. Líder do Grupo Estudos e Pesquisas em Ensino de Ciências – ConecTAR. E-mail: fabogusto@gmail.com

formação docente, inicial e continuada, para mitigar ou minimizar as consequências de nosso afastamento físico dos espaços educacionais e acadêmicos. Fomos apresentados, também, às limitações de acesso para grande parcela da população, privada de recursos tecnológicos, como aparelhos, computadores, internet etc., e, ainda, confrontados pela nossa própria inabilidade de desenvolver práticas diferenciadas e que engajassem os nossos alunos e alunas (LARA, 2022). Afinal, apenas ter acesso aos recursos tecnológicos não nos tornava competentes a utilizá-los para os fins educacionais e acadêmicos.

Foi nesse cenário de caos e de desalento, às vezes permeado pelo temor da morte ou do colapso de nossos projetos e ideais perante os ataques do vírus e de um governo reacionário de extrema-direita, que surgiu o Grupo ConecTAR: Estudos e Pesquisas em Ensino de Ciências. É um grupo que surgiu de um desejo e de uma demanda antiga de um professor, uma vez que não existe grupo sem o seu oficial de recrutamento (LATOUR, 2012), mas que sempre foi adiado por diferentes motivos e que se tornou necessidade e possibilidade em um momento tão dramático de nossa existência/resistência. Todos os integrantes do grupo têm ou já tiveram vínculo como orientandas com o referido professor, um dos autores deste capítulo. As reuniões, feitas por meio de uma plataforma virtual, contam com a participação de pessoas de diferentes cidades do país e que se filiam aos cursos de licenciatura em Ciências Biológicas, ao Programa de Pós-graduação em Ensino de Ciências da Universidade Federal de Ouro Preto (MPEC/UFOP) ou ao Programa de Pós-graduação em Educação e Docência da Universidade Federal de Minas Gerais (PROMESTRE/UFMG).

Por ter seus integrantes associados a mestrados profissionais, os membros do Grupo sempre estão envolvidos em pesquisas aplicadas, que se dedicam ao desenvolvimento de produtos educacionais para a educação básica e/ou para a formação de professores. Essas pesquisas podem estar associadas a um dos objetivos do grupo, a saber: a) Desenvolver produtos ou processos educacionais, que estabeleçam diferentes configurações, as quais propiciam processos de troca de vivências e imersão de saberes docentes; b) Estudar e investigar como temas controversos ou socioambientais mobilizam diferentes elementos e sujeitos em situações de ensino e aprendizagem, os quais possibilitam novas iniciativas, que visam a uma formação mais contextualizada e que atendam às demandas para uma ação política dos educadores da educação básica; e c)

Estudar e investigar as contribuições da materialidade nos processos de aprendizagem em educação científica nos ensinos fundamental e médio, buscando trazer inovações (produtos educacionais) para o ensino de temas tecnológicos, ambientais e de saúde.

Esses objetivos do Grupo de Estudos têm consonância com a Teoria Ator-Rede (TAR), a qual é o referencial teórico das pesquisas realizadas pelos membros do Grupo e será detalhada no próximo tópico. Latour (2012), em seu livro *Reagregando o social*, afirma que a formação de grupo exige um constante "fazer e refazer", pois a regra não é a estabilidade, mas sim a "performance"; esse fenômeno, portanto, é algo que tem de ser constantemente explicado, pois "sem trabalho, sem grupo". Nesse sentido, o presente texto deverá contribuir para este contínuo movimento de fazer-se um grupo ao mobilizar reflexões das diferentes associações, que estabelecemos em nosso Grupo de Estudos ConecTAR, as quais nos fazem existir e resistir em um mundo imerso em diversas crises.

A Teoria Ator-Rede: o nó que nos une nas pesquisas

O nome ConecTAR foi escolhido por fazer menção ao principal referencial teórico utilizado pelo Grupo: a Teoria Ator-Rede (TAR). Essa Teoria foi elaborada pelos antropólogos Callon e Latour, os quais, apesar de se embasarem no programa Forte, de David Bloor, propuseram ampliações rumo ao que chamaram de uma "antropologia simétrica". Essa nova perspectiva tem como principais pontos de virada, em relação às demais sociologias, a introdução do mundo dos objetos no interior dos campos de investigação e a recusa de fronteiras rígidas construídas pela modernidade entre as ciências humanas e as naturais (COUTINHO; VIANA, 2021). Freire (2006, p. 49-50), ao abordar de forma introdutória o pensamento de Latour, sintetiza algumas notas importantes acerca da TAR:

> Ao assumirem que tudo o que há é interação, Latour e Callon vão ainda mais longe ao reivindicarem uma simetria total entre os humanos e os não humanos. [...] o social é uma rede heterogênea, constituída não apenas de humanos, mas também de não humanos, de modo que ambos devem

> ser igualmente considerados [...] que a única maneira de compreender a realidade dos estudos científicos é acompanhar os cientistas em ação [...].

Tendo em vista essa mudança ontológica, a TAR convida o pesquisador a trazer os objetos para uma esfera "reflexiva" e "simbólica" das relações sociais, e não apenas "materiais" e "causais". Nesse aspecto, os seres humanos e objetos que compõem a realidade em análise são denominados actantes ou atores. Segundo Latour (2012, p. 65), os atores que

> transportam significado ou força sem transformá-los [...] são denominados intermediários. Já os atores mediadores, "[...] transformam, traduzem, distorcem e modificam o significado [...] não podem ser contados como apenas um, eles podem valer por um, por nenhuma, por várias ou uma infinidade [...].

O social, portanto, é agora tratado como uma associação, ou seja, um ator-rede. O ator nunca está sozinho ao agir. Sua ação é partilhada; por isso, a expressão ator-rede. Essa rede é formada pela existência de translações/traduções entre mediadores, que podem gerar associações rastreáveis (LATOUR, 2012).

O ator-rede do fenômeno social se constitui por meio do processo denominado "translação", pelo qual identificamos como os atores se deslocam, movimentam interesses, oferecem novas intepretações e as canalizam para diferentes direções. Esse movimento realizado pelos atores irá caracterizar um estado de mundo, que emergiu de suas performances, pois, conforme Latour (2001, p. 346), a performance é definida como "aquilo que o actante faz" e é esse um dos grandes interesses da TAR. Coutinho *et al.* (2014, p. 1937), ao proporem uma unidade de análise para a materialidade da cognição, fizeram uma descrição interessante da maneira como os conceitos de "participação" e "performance" são propostos pela TAR, em que o primeiro

> [...] permite-nos fazer perguntas sobre como os actantes atuam e exercem ações. É o conceito que guia a observação, a análise e a explicação do que acontece nos espaços e tempo observados. [...] O segundo conceito orientador é performatividade. Esse conceito permite-nos perguntar o que é realizado por meio de um determinado arranjo ou entrelaçamento

de actantes. O que emergiu daquele conjunto de relações recíprocas que seguimos?

Ao transpormos esse referencial teórico da antropologia para as pesquisas na área da Educação, as/os pesquisadoras/es se deparam com um desafio: trocar suas lentes enviesadas, que os fazem focar, exclusivamente, nas relações entre os humanos, em uma busca tautológica por validar suas intervenções educacionais (sequências didáticas, jogos, aulas investigativas etc.) pela lente da perspectiva teórico-metodológica da TAR, segundo a qual "[...] o ensino, a aprendizagem, as práticas, os saberes e os conhecimentos são afetações forjadas em assembleias sociomateriais, que produzem realidades *a serem* mapeadas e discutidas" (LIMA, 2022, p. 14), com destaque para o "a serem", isto é, sem uma proposição prévia ou expectativa diante dos resultados.

Nesse contexto, também em relação ao corpo que aprende, as articulações e proposições precisam ser mais valorizadas que as afirmações prévias. O corpo não é tomado em sua dimensão fisiológica ou fenomenológica, mas "[...] como corpos que aprendem a ser afetados por diferenças que anteriormente não podiam registar através da mediação de um arranjo artificial" (LATOUR, 2008, p. 42). Analisando essa possibilidade de um aprendizado menos afirmativo, tomando o corpo como interface, Souza e Lima (2017, p. 8) explicam:

> As proposições de Latour evocam um sujeito (ou humano) em contato com o mundo, cada vez de uma nova maneira. Um sujeito desarticulado, para Latour, é aquele que sempre responde igual. Independente do estímulo a que é submetido, sempre exibe o mesmo comportamento. Por outro lado, um sujeito articulado aprende a ser afetado pelo outro e não apenas por si próprio. Ser articulado é ser afetado por diferenças. As afirmações são fixas e permanentes. Afirmar é replicar o original. A vantagem da articulação sobre a afirmação é que a articulação nunca termina, nunca chega a uma conclusão definitiva, está sempre se autoinvestigando. [...] Portanto, o autor propõe um modelo diferente: não mais um corpo/sujeito, um mundo/objeto e um intermediário/conector deste sujeito com o mundo, mas um conjunto de associações ou de relações.

Os corpos articulados que compõem o Grupo de Estudos ConecTAR realizaram diversas associações durante a realização de suas pesquisas. Agora, a escrita deste texto nos convida a uma pausa reflexiva relativa aos principais contextos, temáticas, resultados e questões levantados por esses estudos. Obviamente, não conseguiremos e nem pretendemos abarcar todas as contribuições que nos constituem enquanto grupo de pesquisa. Mas, ao seguirmos os principais estudos já publicados, conseguiremos encontrar pistas de nosso movimento de existência e resistência, enquanto professoras/es da educação básica em processo de formação continuada. Na sequência, portanto, faremos uma descrição analítica dos estudos realizados pelo Grupo.

Construindo estudos ator-rede para a pesquisa em Educação Científica

Ao compilarmos nossos estudos em um quadro comparativo (Quadro 1), é possível evidenciarmos que, apesar das temáticas de pesquisa das integrantes do ConecTAR serem variadas, existem alguns eixos unificadores, tais como: a TAR, o Ensino de Ciências/Biologia e as Questões Socioambientais e/ou Sociotécnicas. Destaca-se, também, a elaboração de diferentes produtos educacionais atrelados às dissertações, tais como: caderno temático, jogo pedagógico, guia de campo e oficinas de narrativas.

Quadro 1: Dissertações produzidas por integrantes do Grupo de Estudos ConecTAR – 2020 a 2023

Aluna/o	Título do trabalho	Objetivo	Instituição. Ano de publicação
Ingriddy Nathaly Santos Moreira	Racismo Ambiental como questão Bioética para o Ensino de Ciências: construção de uma proposta colaborativa de formação inicial de professores	Identificar as possíveis contribuições oportunizadas na formação inicial de professores a partir da participação em uma oficina colaborativa sobre racismo ambiental por meio de atividades em grupo nas reuniões do PIBID e uma mina subterrânea, que foi utilizada para extração de ouro nos séculos XVII e XVIII.	MPEC/UFOP 2020

Raquel Gonçalves de Sousa	Energizando: um jogo *Role-Playing Game* (RPG) para a abordagem do tema energia nos anos finais do ensino fundamental	Analisar o arranjo de componentes humanos e materiais acessados durante o desenvolvimento do jogo pedagógico "Energizando" para os anos finais do ensino fundamental.	PROMESTRE/ UFMG 2021
Lígia Danielle Azevedo Lacerda	Unidade temática sobre os rios invisíveis: uma proposta para o desenvolvimento da ação político-democrática nas aulas de Biologia	Elaborar uma Unidade Temática sobre a canalização dos rios de Belo Horizonte, a fim de compreender como as associações em rede se dão a partir da aplicação deste produto educacional.	MPEC/UFOP 2022
Regiane Teixeira Marcos	As memórias das comunidades atingidas pelo rompimento da barragem de rejeitos de Fundão como elementos para a construção de bionarrativas sociais	Oferecer uma oficina de construção de Bionarrativas Sociais sobre o rompimento da Barragem de Fundão em Mariana – Minas Gerais.	MPEC/UFOP 2022
Bruna Vitor Tavares	Guia de aves urbanas de Ouro Preto: um instrumento para a formação inicial em Ciências Biológicas	Avaliar a possibilidade de se gerarem processos de formação a partir da aplicação de um minicurso sobre avifauna urbana, mediado pelo "Guia de campo: Aves urbanas de Ouro Preto", oferecido a graduandos/as (modalidades de Licenciatura e Bacharelado) do curso de Ciências Biológicas de uma Universidade Federal no Estado de Minas Gerais.	MPEC/UFOP 2022
Gabriela Rosa Ramos	Investigação sobre o processo de desenvolvimento de um produto educacional sobre agricultura para o Novo Ensino Médio	Elaborar um Caderno Didático sobre produção, distribuição e consumo de alimentos para as aulas da área de Ciências da Natureza no Ensino Médio.	PROMESTRE/ UFMG 2023

Fonte: Os autores.

Voltando aos objetivos do Grupo de Estudos, destacamos a nossa intenção de propiciar e investigar novos processos de formação inicial e continuada, o que pode ser encontrado nos trabalhos de Ingriddy Moreira (MOREIRA, 2020) e Bruna Tavares (TAVARES, 2022). São pesquisas que buscaram contribuir com a formação de licenciandos do curso de Ciências Biológicas a partir de temas, os quais consideramos importantes para um ensino mais marcado pelo território onde vivemos, no caso: o racismo ambiental e a biodiversidade urbana (notadamente, as aves presentes nas cidades).

Utilizando o trabalho de Moreira (2020) como um exemplo de nossas investigações, destacamos que este está associado a um processo de formação com um grupo de licenciandos do Programa Institucional de Bolsas de Iniciação à Docência (PIBID) da Universidade Federal de Ouro Preto (UFOP). Esses bolsistas, alunos e alunas dos cursos de Biologia, Física e Química, foram convidados a participar de uma oficina colaborativa com a temática de Racismo Ambiental. Durante as atividades da oficina, Moreira (2020) propôs a abertura de algumas caixas-pretas[3], dentre elas: a da invisibilização de questões relacionadas à raça e etnia no processo de acesso à educação e ao território. Como se orientou pela TAR, a pesquisadora conseguiu destacar tanto as associações (ex.: discussões sobre injustiça social) quanto os desvios (ex.: atraso dos estudantes) performados ao longo dos encontros. De acordo com ela, foi a partir de um texto sobre racismo ambiental que os "humanos puderam estabelecer novas conexões com o conceito e com os outros actantes da rede, como, por exemplo, o racismo ambiental, a memória que se evocou a partir da leitura, assim como a mineração e a injustiça social e muitos outros" (MOREIRA, 2020, p. 65).

Em uma segunda etapa da oficina proposta por ela, os bolsistas socializaram percepções sobre uma visita guiada a uma mina da cidade de Ouro Preto. Essa mina tem um roteiro que valoriza elementos da história dos negros escravizados, trazendo conhecimentos relacionados à exploração de minerais na Costa da Mina. Por meio do diálogo com as/os envolvidas/os, foi constatada a "grande desinformação em relação à herança africana, ignora-se a sua

3 Expressão utilizada por Latour (2000) para designar os fatos científicos tomados como incontestáveis, como, por exemplo, a dupla hélice do DNA. Para ele, abrir essas caixas-pretas certinhas, frias e indubitáveis, permite revelar os trabalhos, as incertezas, as decisões, as concorrências e as controvérsias produzidos no processo de sua construção.

construção e contribuição para a nossa sociedade atual e que a escola ainda se comporta como perpetuadora de conhecimentos deturpados" (MOREIRA, 2020, p. 71). Entretanto, após a visita e a discussão, pode-se perceber como o Guia (s/d) e os questionamentos da pesquisadora foram enriquecedores e propiciaram uma nova percepção em relação aos corpos negros, agora não mais corpos para "serviços braçais", mas corpos detentores de um intelecto com diversos conhecimentos imprescindíveis ao processo de mineração na antiga Vila Rica.

Para finalizar a oficina, os bolsistas foram desafiados a elaborarem sequências didáticas envolvendo as temáticas discutidas ao longo dos encontros. Ao analisar as produções, a pesquisadora constatou a centralidade do actante "mina" e o seu potencial para mobilizar conhecimentos de diferentes disciplinas. Ela afirma que

> o trabalho realizado mobilizou diversos aprendizados, e, ao pensarem sobre a mina e o espaço não formal na educação científica, criou uma realidade na qual associaram esses elementos a conhecimento da biodiversidade, doenças, geologia, fenômenos químicos e físicos, formação de rochas e muito mais. (MOREIRA, 2020, p. 108).

Todavia, a ausência de discussões sobre racismo ambiental nas sequências didáticas elaboradas pelos/as licenciandas/os gerou um grande incômodo na pesquisadora responsável pela oficina, tendo em vista que a ênfase inicial da proposta girava em torno das discussões relativas a essa temática. Isso nos leva a questionar: será que o currículo mais formal pautado em uma Ciência ainda muito eurocentrada nos impede de perceber que as situações envolvendo raça, pertencimento, ancestralidade, discriminação, preconceitos e diversidade precisam ser trabalhadas, também, nas aulas das Ciências Naturais? Ou será que a formação inicial de professores carece de oportunidades para empreender ações de educação antirracista, favorecendo desconstruir a nossa ignorância sobre os papéis dos diferentes povos para a construção do conhecimento científico e tecnológico? A princípio, são duas questões interessantes a se perseguir.

Ainda no contexto da cidade de Ouro Preto e da formação inicial, a pesquisadora Bruna Vitor Tavares (TAVARES, 2020) elaborou e mobilizou para a sua investigação um guia de identificação de aves urbanas do município de

Ouro Preto/MG. A sua pesquisa envolveu a avaliação da rede sociotécnica performada durante a utilização desse guia em um minicurso sobre avifauna urbana ministrado pela própria pesquisadora.

As atividades aconteceram em encontros pelo *Google Meet* com graduandos/as (modalidades de Licenciatura e Bacharelado) do curso de Ciências Biológicas da UFOP. A pesquisadora precisou se associar aos recursos tecnológicos (computadores, celulares, *internet*, serviços de comunicação etc.) que possibilitassem a realização de sua proposta de minicurso[4]. A opção da pesquisadora por um minicurso *online* permitiu o diálogo síncrono com as/os participantes bem como o/a compartilhamento/projeção de imagens das aves.

Na análise dos dados obtidos, a pesquisadora constatou que o Guia de aves foi o actante focal da rede, "o mediador", pois muitas ações de discussão e de ensino se iniciaram e foram orientadas pelo seu uso (TAVARES, 2022, p. 53). Durante o segundo encontro, as fotos de aves compartilhadas pela pesquisadora mobilizaram para o ator-rede que se formou ao longo do minicurso as memórias de alguns estudantes. Em contraposição, a "educação ambiental" foi considerada pela pesquisadora como um actante "intermediário" do ator-rede, o que demonstra uma compreensão ainda muito centrada em aspectos morfológicos e descritivos performada pelos estudantes de Biologia.

Outro objetivo do nosso grupo tem relação com temas socioambientais e/ou controversos, que foi o "sul" de algumas de nossas pesquisas. Temas, como a urbanização e a canalização dos rios da cidade de Belo Horizonte (LACERDA, 2022), a mineração e as consequências do rompimento da Barragem do Fundão em Mariana (MARCOS, 2022), a poluição do ar pelas siderúrgicas (SOUSA, 2021) e a produção de alimentos (RAMOS, 2023) nos aproximaram de questões que envolvem os conflitos em territórios com disputas de poderes político-econômicos, dos quais, como pesquisadoras/es e educadoras/es, nós não podemos nos eximir, e seguimos existindo e resistindo por meio da pesquisa, dos relatos e das intervenções educativas.

A problemática socioambiental, em decorrência da canalização dos rios de Belo Horizonte (BH), que aconteceu ao longo do processo de urbanização da cidade, foi abordada pela pesquisadora Lígia Lacerda (2022). Ela começou o seu mestrado em 2020, um ano que iniciou com muitas chuvas na

4 Um dos muitos exemplos de desvios nas pesquisas em decorrência da pandemia de covid-19.

capital mineira, o que levou aos transbordamentos de córregos e às enchentes em diversos bairros: "[...] Esse é um problema que traz danos não só para o ambiente, mas também para a população mais vulnerável e marginalizada da capital, que tem suas casas invadidas pela força das águas, todos os anos, nos períodos chuvosos" (LACERDA, 2022, p. 22). Para a elaboração de um produto educacional inspirado na abordagem "Ciência, Tecnologia, Sociedade e Ambiente", ela procurou "[...] apresentar aos estudantes, de forma progressiva, a história da canalização na cidade de Belo Horizonte, passando por aspectos científicos, biológicos, históricos, geográficos, sociais e políticos" (LACERDA, 2022, p. 42).

A pesquisadora analisou as associações em rede, que performaram durante um processo de ensino-aprendizagem, partindo de um produto educacional desenvolvido com estudantes do ensino médio de uma escola pública da cidade. O fato de não ter sido uma pesquisa participante permitiu que a pesquisadora percebesse os desvios relativos às adaptações realizadas pela professora regente, a qual estava conduzindo a Unidade Temática (UT) em aulas por videoconferência em decorrência do período pandêmico. Nesse sentido, atividades que na UT estavam propostas de forma síncrona foram adaptadas pela professora regente como atividades assíncronas, como, por exemplo, a orientação para que os estudantes pesquisassem reportagens acerca das enchentes em BH. No entanto, esses desvios permitiram novas associações expressas pelos estudantes em encontros posteriores.

No ator-rede formado ao longo dos encontros, a pesquisadora destaca como atores "mediadores": "aula assíncrona", "estudantes", "sons dos rios" e "registro no caderno". Após uma ampla análise, ela concluiu que os "[...] os estudantes puderam perceber a presença dos rios existentes na cidade, por meio de pesquisas e registros no caderno, como mencionado no encontro síncrono" (LACERDA, 2022, p. 54). Além disso, ela constatou que

> [...] os actantes "estudantes" relacionaram a problemática ao "escoamento superficial", ao "desmatamento da mata ciliar", à "destruição dos rios" e à "destruição e morte". Portanto, os actantes foram mobilizados de forma a compreender o que gerou a problemática em questão. Em seguida, observamos que, por meio dos actantes "reportagens" e "internet", os estudantes puderam associar a resolução do problema ao comportamento da

> população e à atuação do poder público, uma posição que pode ser considerada um indício de compreensão mais ampla do problema relacionado a canalizações e às enchentes recorrentes. (LACERDA, 2022, p. 58)

Portanto, os objetivos da pesquisa foram contemplados. Todavia, a pesquisadora demonstrou um incômodo em decorrência de a UT, apesar de abordar uma controvérsia tecnocientífica (VENTURINI, 2010), não ter gerado questões controversas quentes[5], mas apenas controvérsias frias. Isso nos oferece um espaço para críticas quanto ao fato de os interesses da pesquisadora, e provavelmente da professora regente, se vincularem fortemente ao aspecto conservacionista, não permitindo, assim, a associação às perspectivas advindas de outras Ciências, como a Engenharia e a Economia. Esse diálogo com outras Ciências seria um aspecto nevrálgico para a geração de controversas quentes e de luta por soluções em prol de um mundo comum?

Outra pesquisadora, que abordou um problema socioambiental para trabalhar em sua investigação, foi Regiane Teixeira Marcos. Ela elaborou e desenvolveu uma oficina abordando um dos maiores crimes ambientais ocorridos no Brasil no século XXI: o rompimento da Barragem de Fundão, estrutura pertencente à mineradora Samarco. Esse crime destruiu o distrito de Bento Rodrigues e teve consequências drásticas para toda a bacia do rio Doce, atingindo os estados de Minas Gerais e Espírito Santo. Essa oficina foi desenvolvida com estudantes do Ensino Fundamental II de uma escola na cidade de Mariana – MG, que são sobreviventes do rompimento, moravam em Bento Rodrigues e precisaram se mudar, pois suas casas e escolas foram destruídas pela lama (MARCOS, 2022).

Em sua proposta de oficina, a pesquisadora procurou evidenciar as controvérsias relacionadas ao processo de mineração ao propor questionamentos, como: você acha que a atividade minerária é benéfica ou maléfica para o ser humano e o meio ambiente? Por quê? Ou você acha que ela é benéfica e maléfica ao mesmo tempo? Como você a defenderia do ponto de vista de um ambientalista? Como você a defenderia do ponto de vista de um economista?

5 Venturini (2010, p. 264) utiliza os termos "controvérsias frias e quentes" ao detalhar sobre as maneiras de se evitar uma controvérsia ruim. Segundo ele, os conflitos são mais bem observados quando estão em seu pico de superaquecimento, com os atores agindo e dispostos a debater. Nas controvérsias frias, os atores concordam nas questões principais e a controvérsia resultante acaba sendo mais parcial e enfadonha.

Por meio da análise do diálogo dos estudantes, a pesquisadora destaca que estes expressaram aspectos dessas questões ao mobilizarem actantes que performavam argumentos conflitantes, tais como: a importância da atividade minerária para a economia e a degradação ambiental prejudicial aos seres vivos; a falta de segurança durante o processo de exploração mineral; e as vidas humanas que foram interrompidas (MARCOS, 2022).

A possibilidade da promoção das controvérsias foi planejada a partir da escolha das imagens feitas pela pesquisadora, as quais fomentaram a discussão comparando eventos do passado e da atualidade. A escolha por usar o poema de Carlos Drummond de Andrade em que o poeta faz uma nítida contraposição entre o Rio e a empresa mineradora no trecho, "O Rio? É doce. A Vale? Amarga", também afetou os estudantes, uma vez que a pesquisadora ressalta que, "Por meio dos comentários realizados, percebemos como o desastre socioambiental causado pelo rompimento da barragem de Fundão é comparado a um crime que marcou negativamente uma comunidade" (MARCOS, 2022, p. 75). Segundo ela, ao longo da oficina, foi possível perceber uma ampliação da rede tecida pelo grupo dos estudantes por meio da presença de posicionamentos críticos em relação aos empreendimentos minerários (MARCOS, 2022).

Em sua última etapa, então, os actantes mobilizados durante a oficina afetaram os estudantes de maneira que puderam expressar, por meio da construção de Bionarrativas Sociais[6], muitos de seus sentimentos de revolta e tristeza. A pesquisadora percebeu "[...] falas carregadas de sentimentos, marcas que o crime sucedido pelo rompimento da barragem causou na comunidade de Bento Rodrigues, as quais não podem ser silenciadas" (MARCOS, 2022, p. 77).

A pesquisa, portanto, alcançou o seu principal objetivo: mobilizar atores humanos e não humanos no sentido de oportunizar aos estudantes a compreensão do entrelaçamento existente entre as suas histórias de vidas, interrompidas por um crime, e o processo histórico de alienação da região. Essa alienação decorre de uma dependência construída ativamente pelas empresas de mineração.

---

6 A produção de Bionarrativas Sociais (BIONAS) é entendida como produção autoral acerca da sociobiodiversidade de territórios brasileiros, propondo um resgate da cultura e da memória local (KATO, 2020). Esses materiais podem ser acessados de forma digital por meio da Plataforma no formato de Recurso Digital Aberto (REA), no *link*: https://bionarrativassociais.wordpress.com/

A pesquisa em Bento Rodrigues ofereceu um importante espaço de fala aos estudantes da região. Enquanto isso, em outro espaço-tempo, outra pesquisadora do grupo, Gabriela Rosa Ramos, estava convidando professores da Rede Básica de Ensino para participarem de uma proposta de pesquisa colaborativa, a qual oportunizou um espaço de fala para um grupo de educadores do Ensino Médio. Seus objetivos principais eram, por meio da realização de grupos de discussão com professores da área de Ciências da Natureza do Ensino Médio, refletir sobre questões relativas à agricultura e propor atividades sobre essa temática para a composição de um Caderno Didático. Pautando-se na busca por um mundo comum (LATOUR, 2020), a pesquisadora defendeu uma Educação Científica que trabalhe com a resolução de problemas de nosso território, tais como a fome, o uso indiscriminado de agrotóxicos e a implantação da Reforma do Ensino Médio brasileiro, conforme a Lei nº 13.415/2017 (RAMOS, 2023).

Ao analisar a rede sociotécnica que emergiu dos encontros realizados com os educadores da área de Ciência Naturais do Ensino Médio, ela pode constatar a insegurança das/os professoras/es diante dos Itinerários Formativos[7]. A pesquisadora precisou modificar seu planejamento inicial para incluir organogramas e explicações sobre o formato proposto para o Novo Ensino Médio: "Isso indica que a mudança curricular traz incertezas para a ação do professor na sala de aula, algo presente desde a formação inicial até quando já se tem experiência de muitos anos de docência." (RAMOS, 2023, p. 42).

No encontro em que foram abordados aspectos da insegurança alimentar, constatou-se que "[...] os professores recorrem a actantes do cotidiano deles, como o aumento dos preços de combustíveis e de outros itens ligados a esse aumento, a forma de governo adotada, principalmente na questão econômica, e às políticas públicas de assistencialismo." (RAMOS, 2023, p. 47).

7 Os itinerários formativos, juntamente com a formação geral básica, compõem os Currículos do Ensino Médio. Eles são o conjunto de unidades curriculares ofertadas pelas escolas e redes de ensino que possibilitam ao estudante aprofundar seus conhecimentos e se preparar para o prosseguimento de estudos ou para o mundo do trabalho. Os itinerários podem ser organizados por área do conhecimento e formação técnica e profissional ou mobilizar competências e habilidades de diferentes áreas, no caso dos itinerários integrados. As redes terão "autonomia" (aspas incluídas por nós, tendo em vista que essa autonomia fica restrita aos recursos estruturais e humanos das escolas) para definir os itinerários oferecidos, considerando suas particularidades e os anseios de professores e estudantes. Esses itinerários podem mobilizar todas ou apenas algumas competências específicas da(s) área(s) em que está organizado (BRASIL 2018).

Segundo a pesquisadora, a fome é, pois, performada pelo tipo de alimento consumido, economias da população e políticas públicas governamentais. Esses aspectos levantados nas discussões influenciaram diretamente na abordagem crítica presente nas propostas de atividades elaboradas para o Caderno Didático (RAMOS, 2023).

Em um dos encontros, a pesquisadora propôs a discussão em torno da seguinte pergunta: "Como o tema agricultura pode relacionar o Ensino de Ciências da Natureza com a proposta da BNCC para a área de conhecimento?". Porém, os educadores foram mais afetados pelo texto sugerido como leitura inicial do que pela pergunta. O texto tratava do "Pacote do Veneno" aprovado pela Câmara dos Deputados. Desse modo, a problemática do "agrotóxico" passou a ser o mediador, que se performou nesse encontro. A TAR permitiu, portanto, que a pesquisadora notasse a ação de atores, como: os esquemas visuais, a BNCC, os textos escolhidos, as falas, as sugestões de *Instagram*, a temática e o NEM, entre outros. Todos eles foram fundamentais no processo de elaboração das atividades contidas no Caderno Pedagógico (RAMOS, 2023). A potência e o diferencial desse estudo estão na construção democratizada do seu produto educacional, com respeito e mobilização dos conhecimentos dos professores participantes.

Finalmente, com relação ao objetivo de se estudarem as contribuições da sociomaterialidade nos processos de ensino e aprendizagem, temos a pesquisa da autora deste capítulo, Raquel Gonçalves de Sousa (2021). Essa pesquisa consistiu no desenvolvimento de um jogo didático no formato *Role-Playing Game* (RPG) para a abordagem do tema Energia nos anos finais do Ensino Fundamental (SOUSA, 2021). Devido à impossibilidade, imposta pela pandemia de covid-19, de avaliar o jogo em uma situação de ensino, dedicamo-nos à análise da rede mobilizada no roteiro do RPG, que conta com alguns territórios onde se passa a história.

Uma novidade dessa pesquisa em relação aos demais estudos realizados foi o fato de se aventurar no uso de uma análise textual com o suporte do *software Iramuteq* por meio da geração de árvores de similitude, que propiciaram o rastreamento de interações entre os diferentes elementos mobilizados na narrativa elaborada para o jogo. Na análise da história elaborada para o RPG, evidenciaram-se aspectos, como: a potencialidade do território "parque de diversões", a presença no território "escola" de exemplos canônicos do Ensino de Ciências, o acesso a conhecimentos químicos e saberes históricos no território "siderúrgica" e a presença de elementos da história das ciências no território "universidade". As análises indicaram que o jogo pode ser um recurso pedagógico importante para a aprendizagem de um dos temas mais significativos para o Ensino de Ciências (SOUSA, 2021).

Em síntese, as pesquisas realizadas pelo Grupo de Estudos ConecTAR oferecem espaços e experiências para diferentes questões, temas e metodologias de ensino e de análise dos dados. Desenvolvemos produtos com potenciais para que os sujeitos da educação se sintam confortáveis e impelidos a expressar suas opiniões em relação às problemáticas que os afligem. Isso nos parece decorrer, principalmente, do fato de sermos pesquisadoras/es de nossas próprias práticas. Nesse sentido, as pesquisas realizadas estão visceralmente atreladas às realidades educacionais no espaço-tempo em que nos inserimos, existimos e resistimos.

Perspectivas futuras para continuarmos existindo e resistindo

Iniciamos este capítulo descrevendo o contexto pandêmico em que o grupo se originou. Ao longo da análise dos estudos realizados pelo Grupo, ficaram evidentes os desvios que essas condições realizaram nas pesquisas. Entretanto, as pesquisadoras se mobilizaram durante esse processo e fizeram novas associações com recursos, que permitiram a continuidade de suas propostas de pesquisa. Ou seja, temos um aspecto que confirma a capacidade de resistência do ConecTAR.

As pesquisas avançaram nas discussões de temáticas socioambientais, tais como: o racismo ambiental, os rios e as cidades, a agricultura e a mineração. Tudo isso de uma forma aplicada aos processos e produtos educacionais, mobilizando diferentes elementos e sujeitos em situações de ensino e aprendizagem em educação científica nos ensinos fundamental e médio. A realidade inicial das pesquisadoras e do orientador e a materialidade que nos mobilizou, antes das pesquisas, não são as mesmas performadas após a sua realização. Corpos foram afetados e produtos educacionais foram disponibilizados para comporem atores-redes com uma mensuração de performatividade e afetação para além de nosso alcance.

Para que o Grupo garanta a sua existência, será necessário que permaneça em ação. Uma das formas de se fomentar seu trabalho é por meio da proposição de novos objetivos, tais como: a criação de um *site* para o grupo, a organização de eventos presenciais, a publicação de um livro etc. Além disso, o Grupo poderá continuar com ações, que se mostraram efetivas, tais como: os eventos intergrupos de estudos acerca da TAR, seus encontros *on-line* regulares e a escrita em parceria de seus relatos de risco. O Grupo, também, pretende continuar os estudos de temáticas importantes do Antropoceno.

Por fim, para mantermos a existência e a resistência, precisamos sempre fazer este exercício de escrita, o que permite a emergência de questionamentos latentes em nossas pesquisas, bem como a compreensão de aspectos da TAR que o Grupo, ainda, pretende avançar, como, por exemplo, na cartografia de controvérsias, na compreensão da aprendizagem como corpo afetado e na performatividade. Esses temas nos inquietam e para eles não precisamos ter respostas imediatas, pois queremos continuar pesquisando.

Referências

BARBOSA, Alessandro Tomaz; FERREIRA, Gustavo Lopes; KATO, Danilo Seithi. O ensino remoto emergencial de Ciências e Biologia em tempos de pandemia: com a palavra as professoras da Regional 4 da SBEnBio (MG/GO/TO/DF). **Revista de Ensino de Biologia da SBEnBio**, v. 13, n. 2. p. 379-399, 2020.

BRASIL. Resolução nº 3, de 21 de novembro de 2018. Atualiza as Diretrizes Curriculares Nacionais para o Ensino Médio. Resolução CNE/CEB 3/2018. **Diário Oficial da União**, Brasília, 22 de novembro de 2018, Seção 1, p. 21-24. Disponível em: http://portal.mec.gov.br/docman/novembro-2018-pdf/102481-rceb003-18/file Acesso em: 13 jun. 2023.

BUENO, Flávia Thedim Costa; SOUTO, Ester Paiva; MATTA, Gustavo Corrêa. Notas sobre a Trajetória da Covid-19 no Brasil. *In:* MATTA, Gustavo Corrêa; REGO, Sergio; SOUTO, Ester Paiva; SEGATA, Jean (Org.). **Os impactos sociais da COVID-19 no Brasil**: populações vulnerabilizadas e respostas à pandemia. Rio de Janeiro: Observatório Covid-19; FioCruz, 2021. v. 1, p. 27-40.

COUTINHO, F. A.; SILVA, F. A. R.; MATOS, S. A.; SOUZA, D. F.; LISBOA, D. P. Proposta de uma unidade de análise para a materialidade da cognição. **Revista SBEnBIo,** Florianópolis, v. 7, p. 1930-1942, 2014.

COUTINHO, Francisco Ângelo; VIANA, Gabriel Menezes. **Teoria ator-rede e educação**. Curitiba: Editora Appris, 2019.

CRUZ, Samyra Rodrigues. Uma análise sobre o cenário da fome no Brasil em tempos de pandemia do COVID-19. **Pensata**, v. 9, n. 2, p. 1-15, 2020.

FREIRE, Leticia de Luna. Seguindo Bruno Latour: notas para uma antropologia simétrica. **Comum**, v. 11, n. 26, p. 46-65, 2006., 2006.

GUIA de implementação do Novo Ensino Médio. Disponível em: https://anec.org.br/wp-content/uploads/2021/04/Guia-de-implantacao-do-Novo-Ensino-Medio.pdf. Acesso em: 13 jun. 2023.

KATO, D. S. (Org.) **Bionas**: para a formação de professores de Biologia: experiências no observatório da educação para a biodiversidade. São Paulo: Editora Livraria da Física, 2020. (Coleção Ensino de Biologia).

LACERDA, Lígia Danielle Azevedo. **Unidade temática sobre os rios invisíveis**: uma proposta para o desenvolvimento da ação política democrática nas aulas de Biologia. 2022. 73 f. Dissertação (Mestrado) – Programa de Pós-graduação em Ensino de Ciências, Universidade Federal de Ouro Preto, Ouro Preto, 2022.

LARA, Marina Garcia. A pandemia e o acesso à educação: evidenciando a desigualdade digital. **Conjecturas**, v. 22, n. 18, p. 140-153, 2022.

LATOUR, Bruno. **A esperança de Pandora**: ensaios sobre a realidade dos estudos científicos. Bauru: EDUSC, 2001.

LATOUR, Bruno. Capítulo 1 – Como falar do corpo? A dimensão normativa dos estudos sobre a ciência. *In:* NUNES, João Arriscado; ROQUE, Ricardo. **Objectos Impuros**: Experiências em Estudos sobre a Ciência. Porto: Afrontamento, p. 39-61, 2008.

LATOUR, Bruno. **Ciência em ação**: como seguir cientistas e engenheiros sociedade afora. São Paulo: Unesp, 2000.

LATOUR, Bruno. **Reagregando o social**. Bauru: EDUSC; Salvador: EDUFBA, 2012.

LATOUR, Bruno. **Onde aterrar?**: como se orientar politicamente no antropoceno. Rio de Janeiro: Bazar do Tempo Produções e Empreendimentos Culturais LTDA, 2020.

LIMA, M. R. de. Performance: operador teórico no campo da Educação a partir da Teoria Ator-Rede. **Linhas Críticas**, v. 28, p. e43415. 2022. Disponível em: https://periodicos.unb.br/index.php/linhascriticas/article/view/43415/34072 Acesso em: 17 maio 2023.

MARCOS, Regiane Teixeira. **As memórias das comunidades atingidas pelo rompimento da barragem de rejeitos de Fundão como elementos para a construção de bionarrativas sociais**. 2022. 112 f. Dissertação (Mestrado) – Programa de Pós-graduação em Ensino de Ciências, Universidade Federal de Ouro Preto, Ouro Preto, 2022.

MOREIRA, Ingriddy Nathaly Santos. **Racismo Ambiental como questão Bioética para o Ensino de Ciências**: construção de uma proposta colaborativa de formação inicial de professores. 2020. 134 f. Dissertação (Mestrado) – Programa de Pós-graduação em Ensino de Ciências, Universidade Federal de Ouro Preto, Ouro Preto, 2020.

RAMOS, Gabriela Rosa. **Investigação sobre o processo de desenvolvimento de um produto educacional sobre agricultura para o Novo Ensino Médio**. 2023. 111 f. Dissertação (Mestrado Profissional em Educação e Docência) – Faculdade de Educação, Universidade Federal de Minas Gerais, Belo Horizonte, 2023.

SOUSA, Raquel Gonçalves de. **Energizando**: um jogo *Role-Playing Game* (RPG) para a abordagem do tema energia nos anos finais do ensino fundamental. 2021. 77 f. Dissertação (Mestrado Profissional em Educação e Docência) – Faculdade de Educação, Universidade Federal de Minas Gerais, Belo Horizonte, 2021.

SOUZA, Arlette Souza e; LIMA, Fátima Costa de. O Corpo como Interface: Latour e um aprendizado menos afirmativo. **Urdimento – Revista de Estudos em Artes Cênicas**, v. 3, n. 30, p. 5-13, 2017.

TAVARES, Bruna Vitor. **Avaliar a possibilidade de se gerarem processos de formação, a partir da aplicação de um minicurso sobre avifauna urbana, mediado pelo "Guia de campo**: Aves urbanas de Ouro Preto", oferecido a graduandos/as (modalidades de Licenciatura e Bacharelado) do curso de Ciências Biológicas de uma Universidade Federal no Estado de Minas Gerais. 2022. 73 f. Dissertação (Mestrado) – Programa de Pós-graduação em Ensino de Ciências, Universidade Federal de Ouro Preto, Ouro Preto, 2022.

TAVARES, Bruna Vitor. **Guia de Campo**: aves urbanas de Ouro Preto. São Paulo: Na Raiz, 2020. 200 p.

VENTURINI, Tommaso. Diving in magma: how to explore controversies with actor-network theory. **Public Understanding of Science**, v. 19, n. 3, p. 258-273, 2010.

CAPÍTULO 5

O trilhar filosófico de uma comunidade de pesquisa em Educação em Ciências na fenomenologia e na hermenêutica

Robson Simplicio de Sousa[1]
Maria do Carmo Galiazzi[2]

Introdução

NO CAMPO da pesquisa em Educação em Ciências e nas relações educativas acerca da Ciências Naturais, somos instigados, mobilizados e atravessados pelas orientações teóricas às quais nos vinculamos. As indicações metodológicas de pesquisa/análise e da prática educativa que manifestamos, o estabelecimento de uma perspectiva ao modo de sermos professores, de assumirmos uma postura acerca do currículo e de lidarmos com os fenômenos da ciência e com nossas intencionalidades educacionais revelam nossa orientação filosófica ao educar cientificamente.

Neste texto, apresentamos o trilhar de uma comunidade de pesquisa em Educação em Ciências constituída em uma orientação filosófica pouco abordada no campo da Educação em Ciências no contexto brasileiro: a

---

1 Docente Adjunto do Departamento de Educação, Ensino e Ciências da Universidade Federal do Paraná (UFPR). Doutor em Educação em Ciências: Química da Vida e Saúde pela Universidade Federal do Rio Grande (FURG), Mestre em Química Tecnológica e Ambiental pela mesma universidade e Licenciado em Química pela Universidade Federal de Pelotas (UFPel). Coordena o Grupo de Pesquisa Jano: Filosofia e História na Educação em Ciências na UFPR. E-mail: robsonsimplicio@hotmail.com

2 Docente Titular Aposentada da Escola de Química e Alimentos da Universidade Federal do Rio Grande (FURG). Doutora e Mestre em Educação pela Pontifícia Universidade Católica do Rio Grande do Sul (PUCRS), Licenciada em Química pela FURG e Bacharel em Química pela Universidade Federal do Rio Grande do Sul (UFRGS). Coordenou o Grupo de Pesquisa Ceamecim – Comunidades Aprendentes em Educação Ambiental, Ciências e Matemática. E-mail: mcgaliazzi@gmail.com

Hermenêutica e a Fenomenologia. Trata-se do caminho iniciado no Grupo de Pesquisa Comunidades Aprendentes em Educação Ambiental, Ciências e Matemática – *Ceamecim* da Universidade Federal do Rio Grande (FURG) e propagado pelo Grupo de Pesquisa *Jano*: Filosofia e História na Educação em Ciências da Universidade Federal do Paraná (UFPR).

Iniciamos discorrendo acerca das primeiras trilhas pelas quais passou o *Ceamecim* em relação à orientação hermenêutica e fenomenológica que teve especialmente um caráter metodológico de pesquisa e análise qualitativas. Foi neste movimento que percebemos, a partir da hermenêutica e da fenomenologia, uma paisagem possível à Educação em Ciências, também iniciada no *Ceamecim* e seguida pelo *Jano*. Mostraremos que a percepção experiencial (vinculada à Fenomenologia) e a interpretação para compreender (vinculada à Hermenêutica) formam uma paisagem possível à Educação em Ciências para lidarmos com o mundo do educar cientificamente, que se mostra pela linguagem, pela história, pela ética e pela estética. A paisagem que se delineia aqui nos ajuda a percebermos como educamos cientificamente a partir da mobilização da linguagem científica, pelo atravessamento da história da Ciência e da Educação em nossa constituição, pelo reconhecimento da alteridade em relação a pessoas e coisas "da Ciência" que nos provocam a sensibilidade estética para lidarmos com o mundo. As trilhas nada lineares e contínuas, na verdade, cheias de curvas, muitas vezes, íngremes, com paradas e retomadas, que apresentaremos neste texto, possibilitam margear o campo de Educação em Ciências avistando, no horizonte, possibilidades de uma Educação em Ciências fenomenológica e hermenêutica.

A Partida da Trilha: o Horizonte Metodológico

O grupo de pesquisa Comunidades Aprendentes em Educação Ambiental, Ciências e Matemática - *Ceamecim*[3] da Universidade Federal do Rio Grande (FURG) está há mais de 40 anos em atividade com história na pesquisa em Educação (graduação e pós-graduação), na formação de professores e na extensão universitária (GALIAZZI; SCHMIDT, 2010). No *Ceamecim*, "muitas das ações a que o Grupo se propõe são desenvolvidas na

---

3 Diretório do Grupo de Pesquisa *Ceamecim*. Disponível em: http://dgp.cnpq.br/dgp/espelhogrupo/9592.

sala de aula de um curso de pós-graduação, espaço/tempo de discussão sobre metodologias de pesquisa" (GALIAZZI; SCHMIDT, 2010, p. 160). Há, no grupo, um foco na pesquisa qualitativa em Educação Ambiental e Educação em Ciências, especialmente a pesquisa-ação de cunho fenomenológico, e um interesse evidente na metodologia de Análise Textual Discursiva (ATD) de Moraes e Galiazzi (2016), que

> [...] tem sido largamente utilizada pelo Grupo, consiste em um processo de produção de significados sobre o fenômeno investigado a partir da sistematização de procedimentos que podem ser sinteticamente resumidos em unitarização das informações obtidas, categorização destas informações e produção de sínteses compreensivas (GALIAZZI; SCHMIDT, 2010, p. 161).

A ATD é uma metodologia de análise qualitativa que tem sido empregada há 20 anos em pesquisas de diversas áreas do conhecimento, após a publicação do texto inaugural intitulado "Uma tempestade de luz: a compreensão possibilitada pela análise textual discursiva" de Moraes (2003) que, junto com outros textos, compôs o livro *Análise Textual Discursiva* (MORAES; GALIAZZI, 2007). Ao longo desta obra, além do caráter procedimental da análise, são destacadas as influências filosóficas orientadoras e que vêm sendo analisadas: a Fenomenologia (GALIAZZI; SOUSA, 2021a) e a Hermenêutica (SOUSA; GALIAZZI, 2016; GALIAZZI; SOUSA, 2021b; SOUSA, 2020).

Na ATD, a Fenomenologia está associada, especialmente, com a descrição do fenômeno percebido no processo de investigação. Por isso, com a ATD, "Insere-se na descrição fenomenológica com os interlocutores empíricos muito presentes no metatexto em um movimento de escuta, a deixar que o fenômeno se mostre" (GALIAZZI; SOUSA, 2021a, p. 89). Nessa perspectiva, o fenômeno carrega uma existência que, como investigadores, percebemos, mas que nos mobiliza a ponto de se tornar algo a ser investigado. A Fenomenologia trata esse fenômeno como experiencial, que se apresenta por meio de nossa experiência com o mundo (seja da Ciência, da Educação etc.). Portanto, na ATD, não se trata de descrevermos um fenômeno como um objeto a ser dominado e que está alienado de nossa experiência e existência, mas que tenha estreito vínculo com nossa vivência com ele e a partir dele, que implica no modo de sermos no mundo. Entretanto, "a descrição, embora importante em uma análise, não se basta. Ela exige movimento de interpretação para ampliar a compreensão" (GALIAZZI; SOUSA, 2021a, p. 89). Na ATD, ao movimento de interpretação para compreensão, vinculamos a Hermenêutica.

Como análise de textos e discursos, a Hermenêutica, na ATD, está associada à interpretação dos sentidos possíveis percebidos a partir da descrição fenomenológica. Os sentidos possíveis são assumidos por quem analisa, com suas pré-compreensões, com suas experiências anteriores e seu processo de se constituir autor (SOUSA; GALIAZZI, 2016). Isso porque não podemos nos livrar de nossas experiências anteriores ao lidar com a análise ou suspender integralmente conceitos prévios alegando uma neutralidade inalcançável. O pesquisador, quando analisa, realiza a análise atravessado por sua tradição histórica, sua cultura e suas experiências. Portanto, na ATD, assumimos essa disposição interpretativa a partir da Hermenêutica como modo de ampliar nosso horizonte compreensivo acerca do fenômeno em análise (SOUSA; GALIAZZI, 2018a; CALIXTO, 2020; GALIAZZI; SOUSA 2022).

Com a necessidade da escuta atenta às palavras no movimento analítico, conforme orienta a ATD, percebemos a potencialidade da palavra Hermenêutica à Educação em Ciências, que nos levou à tese de doutorado intitulada "A hermenêutica Filosófica no horizonte da Educação Química: O professor de Química como tradutor-intérprete de uma tradição de linguagem" (SOUSA, 2016), defendida no Programa de Pós-Graduação em Educação em Ciências: Química da Vida e Saúde da FURG ao qual o *Ceamecim* se vincula. Com esse estudo,

> visualizamos aproximações da hermenêutica, especialmente a filosófica[4], à Educação em Ciências e à Educação Química, o que possibilitou delinear elementos hermenêuticos que podem contribuir à Educação Química: a linguagem ontológica, a tradição histórica e a tradução-interpretação desta

---

4 A Hermenêutica possui uma tradição de muitos séculos e diferentes acepções (GRONDIN, 2012). Quando utilizamos o termo *Hermenêutica Filosófica*, estamos tratando de uma hermenêutica da segunda metade do século XX, atribuída ao filósofo alemão Hans-Georg Gadamer. Para ele, a interpretação hermenêutica, para além da interpretação de textos, constitui o modo como interpretamos as possibilidades de nossas experiências com o mundo. Interpretamos a todo momento e atribuímos sentidos possíveis aos lidarmos com a linguagem no diálogo com as coisas do mundo, com as tradições históricas e com aquilo que percebemos esteticamente com exercício de alteridade.

> tradição. [...] Com esta investigação, defendemos a abertura filosófico-educativa da Educação Química à hermenêutica filosófica, dentro da qual é possível interpretarmos linguisticamente sobre o diálogo e sobre a tradição histórica da linguagem da Química (SOUSA, 2016, p. 8).

Com esta tese, encontramos referenciais da Educação em Ciências com o olhar da Hermenêutica Filosófica (EGER, 1992; BORDA, 2007; GINEV, 2013; LEIVISKÄ, 2013; SCHULZ, 2014) descritos também em Sousa e Galiazzi (2017; 2018a). Assim, dentre as muitas acepções da Hermenêutica, encontramos na Hermenêutica Filosófica possibilidades de diálogo com a Educação e com a Educação em Ciências, que ajudaram a interpretar a Educação Química ao entendermos que a busca de compreensão interpretativa também ocorre na percepção das "coisas da Química" e a elas atribuirmos sentidos possíveis. Na relação educativa, isso é relevante para o estabelecimento do diálogo sobre e a partir da Química, para a compreensão de que essa Ciência carrega consigo uma tradição de linguagem histórica com efeitos em nossas existências. É o que Martin Eger chama de *virada ontológica* (EGER, 1992).

Partimos, diante do apresentado, de um horizonte metodológico presente no *Ceamecim* vinculado à Fenomenologia e à Hermenêutica com a ATD. Nesse trilhado, deparamo-nos com um horizonte distinto do metodológico que nos mostrou caminhos para interpretarmos a Educação em Ciências, especialmente a Educação Química, como professores de Química que somos. Encontramos, portanto, uma tradição na Educação em Ciências que seguia por esta vertente ontológica da Hermenêutica de Gadamer a partir do professor de física Martin Eger (GALIAZZI; SOUSA, no prelo), sobre a qual se constituiu uma das linhas de pesquisa do Grupo de Pesquisa *Jano*: Filosofia e História na Educação em Ciências da Universidade Federal do Paraná (UFPR).

Um mirante no caminho: um horizonte à educação em Ciências

O Grupo de Pesquisa *Jano*: Filosofia e História na Educação em Ciências[5], criado em 2020 na Universidade Federal do Paraná (UFPR), articula docentes com formação em Educação em Ciências e interesses de pesquisa em comum.

5 Diretório do Grupo de Pesquisa Jano disponível em: http://dgp.cnpq.br/dgp/espelhogrupo/622966; site com informações complementares disponível em: https://jano.ufpr.br/

As linhas de pesquisa tratam de aspectos filosóficos e históricos que repercutem na Educação em Ciências, seja na Educação Básica, na formação de professores da Educação Superior ou em outros espaços educativos e de divulgação da Ciência (GARCIA; SOUSA, 2021, no prelo; BARTELMEBS; VENTURI; SOUSA, 2021; VENTURI *et al.*, 2022; VENTURI; BARTELMEBS, 2023).

Duas das linhas de pesquisa do *Jano* têm estreito vínculo com a Fenomenologia e com a Hermenêutica. A primeira, "Metodologia da Pesquisa Qualitativa em Educação em Ciências", trata, especialmente, da metodologia de Análise Textual Discursiva, seus procedimentos (BARTELMEBS, 2020) e sua orientação filosófica na Fenomenologia e na Hermenêutica (GALIAZZI; SOUSA, 2022) para a pesquisa em Educação em Ciências. A segunda, "Fenomenologia e Hermenêutica na Educação em Ciências", tem diretamente o vínculo com a orientação filosófica iniciada no Grupo de Pesquisa *Ceamecim* e na tese de Sousa (2016) acerca da Hermenêutica Filosófica na Educação Química.

No Grupo de Pesquisa *Jano*, a linha "Fenomenologia e Hermenêutica na Educação em Ciências" possui um grupo de estudos específico, constituído por alguns integrantes ainda vinculados ao Grupo de Pesquisa *Ceamecim*, além de convidados e interessados na temática de diversas instituições do país (Universidade Federal da Grande Dourados, Universidade Federal da Fronteira Sul, Instituto Federal Farroupilha, Instituto Federal Fluminense). Constituem ainda esta comunidade alunos de graduação das Licenciaturas em Ciências Biológicas, Ciências Exatas e Computação e do Programa de Pós-Graduação em Educação em Ciências, Educação Matemática e Tecnologias Educativas da UFPR.

Os efeitos da orientação filosófica desta comunidade de pesquisa em Educação em Ciências têm possibilitado vislumbrar uma paisagem fenomenológica e hermenêutica à Educação em Ciências. Iniciamos por apresentar algumas produções do Grupo de Pesquisa *Jano* a partir da Hermenêutica Filosófica que derivam na linha teórica iniciada no Grupo de Pesquisa *Ceamecim*.

Horizonte Estético à Educação em Ciências

No artigo "Experiências Estéticas na Pesquisa em Educação Química: Emergências Investigativas na Formação de Professores de Química em uma Comunidade Aprendente" (SOUSA; GALIAZZI, 2019), ainda no Grupo de

Pesquisa *Ceamecim*, apresentamos uma experiência na formação de professores de Química da FURG com foco na elaboração de um projeto de monografia na área de Educação Química a partir do desenvolvimento de atitudes estéticas (PEREIRA, 2011) articuladas ao Educar pela Pesquisa (GALIAZZI, 2003). Mostramos que as experiências estéticas e de descrição de vivências desenvolvidas potencializaram a escolha de um fenômeno de pesquisa em Educação Química por um vínculo ontológico.

No âmbito da Hermenêutica Filosófica de Gadamer (2015), a experiência hermenêutica é distinta do experimento científico, como também já nos apresentou Ferraro (2017) na Educação em Ciências. Para Gadamer (2015), a experiência hermenêutica nos coloca entre a familiaridade e o estranhamento com o percebido, mobilizando-nos a interpretá-lo dialogicamente em busca de compreendê-lo naquilo que ele mostra. Hermann (2010) e Lago (2014) articulam esta ideia de Gadamer às relações educativas, entendo-as como um modo estético e ético de acessar o outro e o mundo em um exercício de contemplação e autoformação pela alteridade. Temos, assim, uma formação pela sensibilidade estética para lidar com as coisas do mundo, inclusive o mundo do educar cientificamente.

A repercussão do Horizonte Estético à Educação em Ciências no Grupo de Pesquisa *Jano* tem sido possivelmente o mais pesquisado. Isso porque propomos três edições anuais seguidas de um projeto intitulado "Atelier Científico" com a finalidade de estimular uma atitude estética com estudantes de Licenciaturas em Ciências Biológicas, Ciências Exatas e Computação da UFPR Setor Palotina e de estudantes da Educação Básica (SOUSA, 2021; 2023). Esse projeto tem gerado produções a partir do estudo de estudantes de graduação e pós-graduação envolvidos nessa perspectiva de experiências estéticas a partir das ideias de Gadamer (ABREU; CARMO; SOUSA, 2022; CARMO; SOUSA, 2022; CARMO; SOUSA; GALIAZZI, 2022).

Horizonte da Linguagem à Educação em Ciências

Derivado do texto "A tradição de linguagem em Gadamer e o professor de química como tradutor-intérprete" (SOUSA; GALIAZZI, 2018b), em que apresentamos a primazia da linguagem em nosso modo de interpretar e compreender o mundo, temos elaborado produções que diferenciam o caráter epistemológico da linguagem do caráter hermenêutico encontrado em Gadamer, entendo-os como complementares na Educação em Ciências e na Educação Química (ORLANDIN; SOUSA; GALIAZZI, 2023).

A linguagem na Hermenêutica Filosófica pressupõe uma abertura ontológica ao diálogo com o mundo. Interpretamos essa perspectiva na Educação Química com o texto "*The Dialogue in Gadamer's Hermeneutics: Implications to Perceive, Experience, and Interpret in Chemistry Education*" (SOUSA; GALIAZZI, 2022). A partir do que nos traz a ideia de diálogo em Gadamer, vivenciamos o "mundo da Química" como uma obra de arte a ser interpretada e compreendida a partir do horizonte de compreensão de quem interpreta, carregando consigo suas experiências anteriores. No diálogo, juntamo-nos a outros intérpretes que, em *fusão de horizontes*, nos fazem ver mais longe. Isso constitui o próprio processo educativo em Química na perspectiva da Hermenêutica Filosófica.

Horizonte da Fenomenologia à Educação em Ciências

Pelo encontro com a Hermenêutica iniciado no Grupo de Pesquisa *Ceamecim*, a Fenomenologia permaneceu por bastante tempo no âmbito metodológico da ATD. Temos tentado modificar esse cenário, pois, ao estudarmos a Hermenêutica, percebemos a necessidade de estarmos mais atentos à tradição centenária da Fenomenologia, especialmente na Educação. Com isso, temos cultivado o olhar fenomenológico à Educação em Ciências, já iniciado pela dissertação de mestrado "A Educação em Ciências na Infância em uma Abordagem Fenomenológica: Um Cultivo da Flor da Vida com a Lente Merleau-Pontyana" (SANTOS, 2023). Uma educação fenomenológica possibilita aos alunos vivenciarem a percepção de fenômenos por meio de experiências sensoriais corpóreas. Na Educação em Ciências, a abordagem fenomenológica é um caminho educacional promotor da compreensão do mundo a partir das próprias experiências, da nossa interação com o outro e com o mundo em que vivemos (SANTOS; SOUSA, 2022).

Considerações Finais

Apresentamos o trilhar filosófico de uma comunidade de pesquisa em Educação em Ciências orientada por uma perspectiva fenomenológica e hermenêutica. Nossa produção pode deixar marcas com sugestões a outros a trilharem esse caminho. Olhar para elas também nos faz perceber o caminho trilhado e encontrar outras trilhas para formar outras paisagens percebidas fenomenologicamente e interpretadas hermeneuticamente. Isso tem levado a compreendermos outras possibilidades à Educação em Ciências.

Referências

ABREU, M. H.; CARMO, A. P. C.; SOUSA, R. S. O Uso Pragmático da Estética e Arte nas Produções de Educação Química: Em Direção à Ampliação da Visão de Mundo. **Conexões-Ciência e Tecnologia**, v. 16, p. 022024, 2022.

BARTELMEBS, R. C. Mas o que eu sei? O movimento da aprendizagem da escrita acadêmica a partir da análise textual discursiva. **Revista Pesquisa Qualitativa**, v. 8, n. 19, p. 1010–1020, 2020.

BARTELMEBS, R. C.; VENTURI, T.; SOUSA, R. S. Pandemia, negacionismo científico, pós-verdade: contribuições da Pós-graduação em Educação em Ciências na Formação de Professores. **Revista Insignare Scientia - RIS**, v. 4, n. 5, p. 64-85, 2021.

BORDA, E. J. Applying Gadamer's concept of disposition to science and science education. **Science & Education**, v. 16, n. 9-10, p. 1027-1041, 2007.

CALIXTO, V. S. Reflexões acerca do desenvolvimento da autoria no exercício de escrita envolvido na análise textual discursiva: um horizonte compreensivo. **Revista Pesquisa Qualitativa**, v. 8, n. 19, p. 835–862, 2020.

CARMO, A. P. C.; SOUSA, R. S. Entre experiências estéticas no ensino de Física: da arte como instrumento à arte como ontológica. **Caderno Brasileiro de Ensino de Física**, v. 39, n. 3, p. 630-655, 2022.

CARMO, A. P. C.; SOUSA, R. S.; GALIAZZI, M. C. Experiências Estéticas na Formação de Professores de Ciências e Matemática: Influências da Hermenêutica Gadameriana. **Educação Matemática Pesquisa**, v. 24, n. 2, p. 404-432, 2022.

EGER, M. Hermeneutics and science education: An introduction. **Science & Education**, v. 1, n. 4, p. 337-348, 1992.

FERRARO, J. L. S. Currículo, experimento e experiência: contribuições da Educação em Ciências. **Educação**, Porto Alegre [online], v. 40, n. 1, p. 106-114, 2017.

GADAMER, Hans-Georg. **Verdade e método I:** traços fundamentais de uma hermenêutica filosófica. Petrópolis: Vozes, 2015.

GALIAZZI, M. C. **Educar pela pesquisa:** ambiente de formação de professores de ciências. Ijuí: Ed. Unijuí, 2003.

GALIAZZI, M. C.; SCHMIDT, E. B. CEAMECIM – Comunidades Aprendentes em Educação Ambiental, Ciências e Matemática. **Ambiente & Educação**, [*S. l.*], v. 14, n. 2, p. 155–162, 2010.

GALIAZZI, M. C; SOUSA, R. S. O Fenômeno da Descrição na Análise Textual Discursiva: A Descrição Fenomenológica como Desencadeadora do Metatexto. **Vidya**, v. 41, n. 1, p. 77-91, 2021a.

GALIAZZI, M. C.; SOUSA, R. S. O Discurso na Análise Textual Discursiva em (Con)Textos de (Auto)Transformação: Um Diálogo Hermenêutico. **Revista Língua & Literatura**, v. 23, n. 42, p. 123-142, 2021b.

GALIAZZI, M. C.; SOUSA, R. S. **Análise textual discursiva:** uma ampliação de horizontes. Ijuí: Editora Unijuí, 2022.

GALIAZZI, M. C.; SOUSA, R. S. **O Programa de Pesquisa de Martin Eger:** Princípios da Hermenêutica Filosófica na Educação em Ciências. No prelo.

GARCIA, M. S.; SOUSA, R. S. A Educação Filosófica de Professores de Química no Estado do Paraná. **Revista Dynamis**, v. 27, n. 1, p. 115-136, 2021.

GARCIA, M. S.; SOUSA, R. S. **A Emergência da Ética na Educação Filosófica de Professores de Química:** Uma Análise Curricular de Licenciaturas no Estado do Paraná. No prelo.

GINEV, D. Science Teaching as Educational Interrogation of Scientific Research. **Educational Philosophy and Theory**, v. 45, n. 5, p. 584-597, 2013.

GRONDIN, J. **Hermenêutica**. São Paulo: Parábola Editorial, 2012.

HERMANN, N. **Autocriação e horizonte comum:** ensaios sobre educação ético-estética. Ijuí: Unijuí, 2010.

LAGO, C. **Experiência Estética e Formação:** articulação a partir da Hans-Georg Gadamer. Porto Alegre: EDIPUCRS, 2014.

LEIVISKÄ, A. Finitude, Fallibilism and Education towards Non-dogmatism: Gadamer's hermeneutics in science education. **Educational Philosophy and Theory**, v. 45, n. 5, p. 516-530, 2013.

MORAES, R. Uma tempestade de luz: a compreensão possibilitada pela análise textual discursiva. **Ciência & Educação**, v. 9, n. 02, p. 191-211, 2003.

MORAES, R.; GALIAZZI, M. C. **Análise textual discursiva**. Ijuí: Editora Unijuí, 2007.

MORAES, R.; GALIAZZI, M. C. **Análise textual discursiva**. 3. ed. Revisada e Ampliada. Ijuí: Editora Unijuí, 2016.

ORLANDIN, G. C.; SOUSA, R. S.; GALIAZZI, M. C. Linguagem da química na educação química: entre caminhos epistemológicos e hermenêuticos. **Travessias**, Cascavel, v. 17, n. 1, p. e30201, 2023.

PEREIRA, M. V. Contribuições para entender a experiência estética. **Revista lusófona de educação**, n. 18, p. 111-123, 2011.

SANTOS, V. A. A. **A Educação em Ciências na Infância em uma Abordagem Fenomenológica:** Um Cultivo da Flor da Vida com a Lente Merleau-Pontyana. 2023. 123 f. Dissertação (Mestrado em Educação em Ciências, Educação Matemática e Tecnologias Educativas) – Universidade Federal do Paraná, Palotina, 2023.

SANTOS, V. A. A.; SOUSA, R. S. A educação em uma abordagem fenomenológica: repercussões das experiências ontológicas na educação em ciências. **Educação em Revista**, v. 23, n. 1, p. 267–286, 2022.

SCHULZ, R. M. **Rethinking Science Education:** Philosophical Perspectives. Charlotte: Information Age Publishing, 2014.

SOUSA, R. S. **A hermenêutica filosófica no horizonte da Educação Química:** O professor de Química como tradutor-intérprete de uma tradição de linguagem. 2016. 100 f. Tese (Doutorado em Educação em Ciências: Química da Vida e Saúde) – Universidade Federal do Rio Grande – FURG, Rio Grande, 2016.

SOUSA, R. S. O Texto na Análise Textual Discursiva: Uma Leitura Hermenêutica do "Tempestade de Luz". **Revista Pesquisa Qualitativa**, v. 8, n. 19, p. 641-660, 2020.

SOUSA, R. S. O Atelier Científico como Invenção: Experiências Estéticas na Educação em Ciências e Matemática como Modo de (Auto)Compreensão. **Extensão em Foco**, v. 25, p. 17-32, 2021.

SOUSA, R. S. Atelier Científico: Incentivo a Atitudes Estéticas a partir de Exposições de Arte em Ciências e Matemática. *In*: VENTURI, T.; BARTELMEBS, R. C. **Educação, Ensino e Ciências:** formação docente e (re)existência na Universidade Pública. Curitiba: CRV, p. 59-71, 2023.

SOUSA, R. S.; GALIAZZI, M. C. Compreensões acerca da hermenêutica na análise textual discursiva: marcas teórico-metodológicas à investigação. **Revista Contexto & Educação**, v. 31, n. 100, p. 33-55, 2016.

SOUSA, R. S.; GALIAZZI, M. C. Traços da hermenêutica filosófica na educação em ciências: possibilidades à educação química. **Alexandria: Revista de Educação em Ciência e Tecnologia**, v. 10, n. 2, p. 279-304, 2017.

SOUSA, R. S.; GALIAZZI, M. C. O jogo da compreensão na análise textual discursiva em pesquisas na educação em ciências: revisitando quebra-cabeças e mosaicos. **Ciência & Educação**, v. 24, n. 3, p. 799-814, 2018a.

SOUSA, R. S.; GALIAZZI, M. C. A tradição de linguagem em Gadamer e o professor de química como tradutor-intérprete. **ACTIO: Docência em Ciências**, v. 3, n. 1, p. 268-285, 2018b.

SOUSA, R. S.; GALIAZZI, M. C. Experiências Estéticas na Pesquisa em Educação Química: emergências investigativas na formação de professores de Química em uma comunidade aprendente. **Revista de Educação, Ciências e Matemática**, v. 9, n. 2, p. 107-126, 2019.

SOUSA, R. S.; GALIAZZI, M. C. The Dialogue in Gadamer's Hermeneutics: Implications to Perceive, Experience, and Interpret in Chemistry Education. In: BRINKMANN, M.; TÜRSTIG, J.; WEBER-SPANKNEBEL, M. (Eds.). **6th International Symposium on Phenomenological Research "Realities – Phenomenological and Pedagogical Perspectives"** – Book of Abstracts. Berlin: Universität zu Berlin, 2022. p. 19-20

VENTURI, T.; BARTELMEBS, R. C.; LOHMANN, L. A. D.; SOUZA, A. M. G. de; UMERES, I. C. História das vacinas e história da astronomia: episódios históricos para a educação em ciências em tempos negacionistas. **Terrae Didatica**, Campinas, v. 18, n. 00, p. e022014, 2022.

VENTURI, T.; BARTELMEBS, R. C. **Educação, Ensino e Ciências:** formação docente e (re)existência na Universidade Pública. Curitiba: CRV, 2023.

Capítulo 6

Metacognição na Educação Científica: relato de ações de um grupo de pesquisa

Cleci Teresinha Werner da Rosa[1]
Luiz Marcelo Darroz[2]

Introdução

O PRESENTE texto se ocupa de relatar pesquisas desenvolvidas no Grupo de Pesquisa em Educação Científica e Tecnológica (GruPECT) da Universidade de Passo Fundo (UPF), RS. Mais especificamente está relacionado ao recorte dos estudos que o grupo vem desenvolvendo na temática metacognição em contexto educativo. Para tanto, estruturamos um texto que parte da identificação do grupo de pesquisa com seus protagonistas e objetos de investigação para depois voltar-se especificamente aos estudos envolvendo a metacognição.

O grupo de pesquisa é composto por mestrandos e doutorandos dos programas de pós-graduação em Educação (Mestrado e Doutorado Acadêmico) e em Ensino de Ciências e Matemática (Mestrado e Doutorado Profissional) da Universidade de Passo Fundo, bem como por estudantes dos cursos de graduação da instituição por meio de seus projetos de iniciação científica. A liderança do grupo está por conta dos professores e orientadores nos programas mencionados, Dra. Cleci Teresinha Werner da Rosa e Dr. Luiz Marcelo Darroz. Além

1 Doutora em Educação Científica e Tecnológica pela Universidade Federal de Santa Catarina e pós-doutorado na Universidade de Burgos, Espanha. Docente Permanente do Programa de Pós-Graduação em Educação e do Programa de Pós-Graduação em Ensino de Ciências e Matemática na Universidade de Passo Fundo, RS. E-mail: cwerner@upf.br

2 Doutor em Educação em Ciências pela Universidade Federal do Rio Grande do Sul. Docente Permanente do Programa de Pós-Graduação em Educação e do Programa de Pós-Graduação em Ensino de Ciências e Matemática na Universidade de Passo Fundo, RS.
E-mail: ldarroz@upf.br

dos mencionados, o grupo é integrado por docentes de outras instituições e por egressos, totalizando em 2023 mais de 50 pessoas envolvidas e que participam ativamente dos encontros quinzenais aos sábados pela manhã.

Como objetivo principal, o GruPECT elenca o de desenvolver investigações em temática associadas ao processo de ensino e aprendizagem em Ciências (Química, Física, Biologia) e Matemática, nos diferentes níveis de escolaridade a partir de um conjunto de referenciais/aportes teóricos e metodológicos. O foco principal das pesquisas está na epistemologia da prática educativa, de modo a buscar alternativas para qualificar o processo de ensino e aprendizagem. Para isso diferentes questões têm norteado as pesquisas do grupo, dentre as quais assumem relevância as voltadas para a qualificação da prática pedagógica e da aprendizagem, como é o caso dos estudos envolvendo a metacognição.

Os temas tratados no grupo e que dão sustentação aos estudos desenvolvidos, além dos processos metacognitivos, são a Afetividade, a Teoria da Aprendizagem Significativa, a Teoria da Aprendizagem Significativa Crítica, a Alfabetização Científica e Tecnológica, o Ensino por Investigação e a Formação de Professores.

O grupo de pesquisa criado em 2016 já estava em funcionamento desde 2010, voltando-se especificamente aos estudos da Teoria da Aprendizagem Significativa e da Metacognição, recebendo a partir da sua constituição como grupo de pesquisa cadastrado no CNPq o incremento de novos integrantes e novos temas/campos de investigação. Os estudos produzidos no grupo têm oportunizado um conjunto de publicações que tem sido veiculado em diferentes meios científicos, como artigos em periódicos, livros, capítulos de livro, trabalhos em eventos e outros. Essa produção tem abarcado as diferentes temáticas que são tratadas no grupo e decorrem de teses, dissertações, trabalhos de conclusão de curso e pesquisas na forma de iniciação científica.

Além disso, as produções do grupo envolvem parcerias com outros grupos de pesquisa no Brasil e fora dele, como é o caso dos estudos desenvolvidos em diálogo com o Grupo de Pesquisa em História, Filosofia e Ensino de Física da Universidade Federal do Rio Grande do Sul (UFRGS); Grupo de Ensino, Aprendizagem e Educação Científica da Universidade Estadual de Londrina (UEL); do Grupo de Educação em Ciências, Educação Matemática e TIC's no ensino da Universidade Federal do Paraná (UFPR); e do Núcleo de Desenvolvimento de Pesquisas em Ensino de Química/Ciências da Universidade Federal da Integração Latino-Americana (UNILA). No âmbito internacional, o grupo tem parcerias de pesquisa com dois grupos de pesquisa na Espanha, *Investigacion sobre el Aprendizaje de las Ciencias da Universidad de Alcalá de Henares* e com o de *Enseñanza y Aprendizaje de las Ciencias da Universidad de Burgos*. Por fim, mencionamos que o grupo de pesquisa integra a *Red Internacional de Investigación en Enseñanza de las Ciencias* (RIEC), constituído por pesquisadores de programas de pós-graduação da América Latina, sob coordenação da *Universidad Pedagogica Nacional* da Colômbia.

Todo esse conjunto de grupos que dialogam com o GruPECT oportunizam ampliar as redes de contato e conhecer a diversidade do que é produzido em diferentes contextos, mostrando que a pesquisa é uma ação coletiva, de interlocução e diálogo. Os estudos na Aprendizagem Significativa e na Metacognição ocupam boa parte dos trabalhos desenvolvidos no GruPECT e são responsáveis pela maioria das ações com os outros grupos de pesquisa nacionais e estrangeiros. As parcerias com a Espanha, por exemplo, são decorrentes desses dois campos de pesquisa e têm repercutido em estudos publicados em periódicos de prestígio internacional, como é o caso do *International Journal of Science Education* (IJSE). Nesse periódico, no ano de 2018, foi publicado o artigo "Influence of source credibility on students' noticing and assessing comprehension obstacles in science texts" (WERNER DA ROSA; OTERO, 2018). Outra publicação reconhecida pela comunidade foi a obra escrita em 2014 *Metacognição e o ensino de Física: da concepção à aplicação*. Ambas as publicações exemplificadas estão associadas aos estudos em metacognição desenvolvidos no grupo.

Como recorte e seguindo o anunciado, direcionamos o relato para os estudos desenvolvidos no grupo e que tomam a metacognição com referência. Para isso, iniciamos com a apresentação da compreensão de metacognição assumida pelo grupo e operacionalizada na forma de propostas didáticas; na sequência, relatamos os estudos desenvolvidos no grupo de pesquisa e que se utilizam dela como suporte teórico, especialmente os que envolvem os questionamentos metacognitivos. Após, tecemos nossas considerações finais.

Metacognição

A metacognição envolve o pensar sobre o próprio pensamento, sendo introduzido na literatura na década de 1970 pelo psicólogo americano John Hurley Flavell. Os estudos do pesquisador partem de seu interesse pela memória a partir da psicologia desenvolvimentista de Jean Piaget. Apesar de o entendimento de metacognição estar presente desde o início dos anos 1970, foi em 1976 que encontramos a primeira definição para o termo. Nas suas palavras:

> **Metacognição** se refere ao conhecimento que se tem dos próprios processos e produtos cognitivos ou de qualquer outro assunto relacionado a eles, por exemplo, as propriedades relevantes para a aprendizagem de informações ou dados. Por exemplo, eu estou praticando a metacognição (metamemória, meta-aprendizagem, meta-atenção, metalinguagem, ou outros), se me dou conta de que tenho mais dificuldade para aprender A do que B; se compreendo que devo verificar C antes de aceitá-lo como verdade (fato); quando me ocorre que eu teria de examinar melhor todas e cada uma das alternativas em algum tipo de teste de múltipla escolha, antes de decidir qual é a melhor; se eu estiver consciente de que não estou seguro que o experimentador realmente quer que eu faça; se eu perceber que seria melhor tomar nota de D porque posso esquecê-lo; se eu pensar em perguntar a alguém sobre E, para ver se está correto. Esses exemplos podem se multiplicar indefinidamente. Em qualquer tipo de transação cognitiva com o meio ambiente humano ou não humano, uma variedade de atividades que processam informações pode surgir. A metacognição se refere, entre outras coisas, à avaliação ativa e consequente regulação e orquestração desses processos em função dos objetivos e dados cognitivos sobre o que se quer e, normalmente, a serviço de alguma meta ou objetivo concreto (FLAVELL, 1976, p. 232, grifos do autor, tradução nossa).

A definição, ainda que por ser discutida e ampliada por outros autores, remete à compreensão de que a metacognição envolve a articulação de conhecimentos do sujeito sobre seus próprios conhecimentos e a capacidade de ele regular ou controlar esses conhecimentos na busca por alcançar um objetivo. A seguir, Flavell (1979) discute a metacognição a partir da articulação de quatro aspectos: conhecimento metacognitivo, experiências metacognitivas, objetivos cognitivos e ações cognitivas. Nessa compreensão, para que um sujeito (estudante) ative seu pensamento metacognitivo, tais aspectos devem estar conectados, fornecendo os substratos necessários a essa ativação. Flavell anuncia essa compreensão mencionando que

> O conhecimento metacognitivo é aquele segmento de seus conhecimentos de mundo armazenados (quando criança ou adulto), que tem feito as pessoas serem criaturas cognitivas, com suas diversas tarefas, objetivos, ações e experiências. [...]. As experiências metacognitivas são quaisquer experiências conscientes cognitivas ou afetivas, que acompanham e pertencem a toda empreitada intelectual. [...]. Objetivos (ou tarefas) referem-se aos objetivos do empreendimento cognitivo. As ações (ou estratégias) se referem às cognições ou a outros comportamentos empregados para consegui-las (1979, p. 906-907, tradução nossa).

Embora possamos compreender a metacognição a partir do que foi apresentado por Flavell, pesquisadores como Ann Brown (BROWN, 1978; 1987) retomaram essas discussões e enfatizaram aquilo que Flavell pouco contemplou em seus estudos, que foi a capacidade do sujeito de controlar e regular suas ações. Brown, ao enfatizar esse controle que ela denominou de executivo, mostra que a ação orquestrada pelo sujeito em prol de atingir um determinado objetivo é o que a leva a pensar sobre o que está realizando, característico da metacognição.

Os estudos de Flavell e Brown em conjunto com seus colaboradores são tomados como referência por Rosa (2011) e organizados de forma a possibilitar uma definição ampla e capaz de dar conta de explicar a presença e os benefícios da metacognição em atividades como as de aprendizagem escolar. O estudo de Rosa (2011) foi o primeiro do grupo de pesquisa e oportunizou os fundamentos teóricos que vêm embasando os demais, como veremos na próxima seção.

Para Rosa (2011, p. 57, grifos da autora):

> **Metacognição** é o conhecimento que o sujeito tem sobre seu conhecimento e a capacidade de regulação dada aos processos executivos, somada ao controle e à orquestração desses mecanismos. Nesse sentido, o conceito compreende duas componentes: o conhecimento do conhecimento e o controle executivo e autorregulador.

Nesse entendimento, a metacognição é operacionalizada a partir de duas componentes e seis elementos, como indicados no Quadro 1 a seguir:

Quadro 1: Componentes e elementos metacognitivos

	Metacognição					
Componentes metacognitivas	Conhecimento do conhecimento			Controle executivo e autorregulador		
Elementos metacognitivos	Pessoa	Tarefa	Estratégia	Planificação	Monitoração	Avaliação

Fonte: Rosa (2011, p. 58).

Por conhecimento metacognitivo, a autora recorre a Flavell e infere ser os conhecimentos que o sujeito tem sobre si próprio no que se refere às variáveis pessoa, tarefa e estratégia e, também, à maneira como essas interferem no resultado da cognição. Por controle executivo e autorregulador, Rosa (2011) recorre a Brown (1978; 1987) e menciona ser constituído por operações relacionadas aos mecanismos de ação do sujeito, tais como as operações de planificação, monitoramento e avaliação.

No caso da primeira componente, temos o conjunto de seis elementos assim expressos por Rosa (2011, p. 44-46, grifos da autora):

> O conhecimento das variáveis da **pessoa** (ou pessoais) é representado pelas convicções que os indivíduos apresentam sobre si mesmos e em comparação com os outros. É o momento em que identificam como funciona seu pensamento, como se processam as informações que lhes são fornecidas, caracterizando-se pela identificação de suas crenças, mitos e conhecimentos, assim como pela identificação dessas características no outro [...]. O conhecimento das variáveis da **tarefa** está relacionado às suas demandas, representadas pela abrangência, extensão e exigências envolvidas na sua realização. É a identificação pelos sujeitos das características da tarefa em pauta, tanto em termos do que ela é, como do que envolve. [...] Os

conhecimentos das variáveis relacionadas à **estratégia** vinculam-se ao "quando", "onde", "como" e "por que" aplicar determinadas estratégias. É o momento em que o sujeito se questiona sobre o que precisa ser feito e quais os caminhos a serem seguidos para atingir o objetivo.

No caso da componente do controle executivo e autorregulador, Rosa (2011, p. 54-56, grifos da autora), especifica que

> A **planificação** é a responsável pela previsão de etapas e escolha de estratégias em relação ao objetivo pretendido, o que supõe fixar metas sobre como proceder para realizar a ação. [...] A **monitoração** [monitoramento] consiste em controlar a ação e verificar se está adequada para atingir o objetivo proposto, avaliando o desvio em relação a este, percebendo erros e corrigindo-os, se necessário. [..] A **avaliação** identifica-se com os resultados atingidos em face do fim visado, podendo, eventualmente, ser definida pelos critérios específicos de avaliação.

Esse entendimento de metacognição tem sido objeto da operacionalização no contexto do ensino de Física e de Ciências por meio do uso de questionamentos metacognitivos. Esses questionamentos estão centrados na utilização de perguntas, representando esquemas que permitem ao estudante a constante revisão de seu pensamento e o controle de suas ações. Os questionamentos podem ser apresentados pelo professor de diferentes formas, de modo a possibilitar aos estudantes autonomia em seu processo de aprendizagem.

Nos estudos desenvolvidos no grupo, temos contemplado questionamentos que envolvem guia de perguntas elaborado pelo professor e relacionado às atitudes dos estudantes diante da construção do conhecimento. Esse guia de perguntas, considerando a perspectiva metacognitiva, apresenta questões ligadas aos seis elementos metacognitivos estruturados no grupo, particularmente por Rosa (2011), e que são exemplificados no Quadro 2.

Quadro 2 – Possibilidades de perguntas metacognitivas

	Elementos metacognitivos	Perguntas metacognitivas
Conhecimento do conhecimento	Pessoa	Identifica este assunto com outro já estudado? O que está sendo estudado? Qual o sentimento em relação a este conhecimento? Compreendeu a atividade? Entendeu o enunciado? Está interessado em realizar a atividade proposta? Apresenta conhecimento sobre o assunto? Encontra-se em condições de realizar a atividade? Apresenta limitações neste tema? Consegue buscar alternativas para sanar possíveis deficiências neste conhecimento?
	Tarefa	Entendeu a tarefa? Que tipo de tarefa é essa? Identifica-a com outra já realizada? Julga ter facilidade ou dificuldade em realizar tarefas como a proposta? Está de acordo com seus conhecimentos? Identifica o que é preciso para resolvê-la?
	Estratégia	Conhece estratégias para resolver este tipo de problema? Tem facilidade com este tipo de estratégia? Qual a mais indicada? Há outras possibilidades de realização da tarefa? Dispõe do que precisa para executar a tarefa?
Controle executivo e autorregulador	Planificação	O que entendeu sobre a atividade proposta? Identifica por onde deve iniciar? Como resolver a tarefa proposta? Como organizar as informações apresentadas na atividade? Consegue visualizar o procedimento em relação ao fim almejado?
	Monitoração	Compreende bem o que está fazendo? Qual o sentido do que está realizando? Qual o objetivo desta atividade? A estratégia que utiliza é adequada? Tem domínio do que está executando? Há necessidade de retomar algo? O planejado está funcionando? Como procedeu até aqui? Por que está estudando este assunto? Por que está realizando a atividade proposta? Continuando desta forma, vai atingir os objetivos dessa atividade?
	Avaliação	Consegue descrever o que realizou e como realizou? Qual era o objetivo proposto inicialmente? Houve necessidade de rever algo durante a realização da atividade? Qual o resultado da atividade? Tem consciência do conhecimento adquirido com a realização da atividade? Os resultados encontrados foram os esperados?

Fonte: Rosa (2011, p. 102 adaptado de Giaconi, 2008).

Sobre o uso desse guia, Rosa (2011, p. 101) menciona que

> O guia de perguntas previamente organizado pelo professor tem por intuito orientar a aprendizagem e é uma estratégia que pode levar ao auto-questionamento, porém distingue-se deste por apresentar o professor como elaborador das questões. As perguntas contidas neste guia podem estar

voltadas a estratégias de aprendizagem mais gerais, de âmbito operacional, de caráter orientativo, sem vínculo com o conteúdo; ou ainda, podem se referir aos conteúdos específicos envolvidos na atividade.

Nas atividades propostas no grupo de pesquisa, o guia de perguntas elaboradas pelo professor tem sido aplicado de diferentes formas: blocos de perguntas incluídas nas atividades e que são mais gerais, buscando promover uma parada para reflexão dos estudantes; bloco de atividades mais gerais, porém apresentadas oralmente pelo professor durante as atividades; e perguntas que mesclam as ações metacognitivas com a tarefa a ser realizada. A seguir exemplificamos estudos realizados no grupo de pesquisa, que envolvem as possibilidades de perguntas/questionamentos metacognitvos mencionadas.

Estudos relacionados

Iniciamos os estudos mencionando a tese de doutorado de Rosa (2011) intitulada de "A metacognição e as atividades experimentais no ensino de Física", que teve por objetivo proporcionar aos estudantes momentos de evocação de pensamento metacognitivo de forma explícita durante a realização de atividades experimentais. O estudo realizado envolveu um conjunto de atividades experimentais que foram aplicadas em condições reais de ensino, sendo verificada a viabilidade em termos didáticos e em termos da promoção do pensamento metacognitivo. O guia de perguntas envolveu questões associadas aos seis elementos metacognitivos e foi dividido em três blocos, sendo o primeiro contemplado pelos elementos: pessoa, tarefa, estratégia e planificação; o segundo, o monitoramento; e, ao final, a avaliação. O teste de retenção de conhecimento, realizado meses após a aplicação da proposta didática, trouxe indícios de que os conteúdos abordados a partir da associação com o pensamento metacognitivo se mostram mais efetivos em termos de aprendizagem.

O segundo trabalho a ser relatado refere-se à dissertação desenvolvida por Ghiggi (2017), intitulada de "Estratégias metacognitivas na resolução de problemas em Física", no qual foram propostas pela autora quatro possibilidades de resolver problemas em Física, utilizando estratégias metacognitivas. Entre elas estava a que utilizava guias de perguntas na forma de *prompts*. Esses *prompts* estavam representados por um conjunto de questionamentos metacognitivos a partir do apresentado por Rosa (2011), que os estudantes deveriam responder quando estavam resolvendo os problemas propostos pelo professor. As propostas que caracterizavam um produto educacional foram apresentadas e aplicadas a um grupo de licenciandos em Física que utilizaram essa metodologia e ao final relataram suas percepções. O resultado indicou que as propostas podem representar benefícios à aprendizagem, especialmente em termos de contribuir para que os estudantes sejam mais reflexivos e autônomos em suas aprendizagens. No caso do uso dos *prompts*, os licenciandos inferiram sua importância para o processo de compreensão e resolução do problema apresentado.

Como terceiro estudo, mencionamos o desenvolvido por Rosa e Meneses Villagrá (2018) denominado de "Questionamento metacognitivo associado à abordagem didática por indagação: análise de uma atividade de ciências no ensino fundamental". A pesquisa foi realizada com estudantes do quinto ano do ensino fundamental e partiu da seguinte pergunta de pesquisa: como o uso de questionamentos metacognitivos pode contribuir para qualificar a participação ativa dos estudantes em uma atividade de Ciências orientada pelo ensino por indagação? Para respondê-la foi organizada uma atividade de natureza indagativa envolvendo o estudo da "combustão", que apresentou um conjunto de questionamentos metacognitivos realizados de forma oral pela professora. Ao mesmo tempo em que respondiam as questões anunciadas pela metodologia de indagação, os estudantes também respondiam as perguntas metacognitivas. Como resultado, o estudo apontou que a metodologia por indagação proporcionou liberdade para a exposição de ideias, estruturação e testagem de hipótese, resgate de conhecimentos prévios, entre outros aspectos que estão associados à ativação do pensamento metacognitivo.

O próximo trabalho a ser relatado é o desenvolvido por Biazus (2021) na forma de tese de doutorado, com o título "Estratégias metacognitivas no ensino de Física: análise de uma intervenção didática no ensino médio". O estudo apresenta os questionamentos metacognitivos como associados às atividades didáticas desenvolvidas com quatro estudantes do ensino médio que apresentam dificuldades de aprendizagem em Física. O estudo, apesar de se basear no modelo de questionamento metacognitivo adotado nos estudos anteriores, se diferenciou destes por trazer questionamentos metacognitivos associados a cada situação-didática apresentada e vinculada à temática "Hidrostática". A pesquisa apontou como resultado que alunos com dificuldades de aprendizagem acabam se revelando mais propensos a pensar os conteúdos a partir de seus conhecimentos e, também, a gerenciar suas ações tomando como referência atividades já realizadas, o que influencia na aprendizagem. O diálogo oportunizado pelos questionamentos levou à conclusão de que os estudantes, que inicialmente se sentiam frustrados por não saber por onde começar ou mesmo inseguros sobre como proceder diante da atividade proposta, se sentiram instigados a realizar esse movimento cognitivo de buscar conhecimento, estabelecer relação e avaliar os resultados alcançados.

O estudo de Ribeiro (2021) intitulado de "Estratégias metacognitivas de leitura aplicadas ao ensino de Física" é outro exemplo de estudo que utilizou os questionamentos metacognitivos como recurso estratégico para o Ensino de Ciências. O estudo associou esses questionamentos à atividade de leitura de textos científicos vinculados às Leis de Newton. A pesquisa foi desenvolvida com estudantes do nono ano do ensino fundamental, por meio de uma atividade didática que envolveu a leitura de textos referente à temática. Para isso foi disponibilizado um guia contendo os questionamentos que deveriam ser respondidos antes, durante e depois da leitura. Os resultados obtidos permitem inferir que o modelo de estratégia proposto se torna pertinente à medida que o uso do guia de leitura metacognitivo favorece a evocação do pensamento metacognitivo, apresentando-se como uma alternativa para a melhoria da compreensão de textos. Além dessa melhoria na compreensão dos textos, os dados do teste revelaram que os estudantes ampliaram sua consciência metacognitiva em todos os seis elementos metacognitivos investigados.

Esses foram exemplos de estudos que se serviram dos questionamentos metacognitivos, cujos resultados mostram a potencialidade deles para a aprendizagem. Todavia, o grupo tem desenvolvido estudos envolvendo outras estratégias, como é o caso do uso dos diários de aprendizagem (BOSZKO, 2019). Esse estudo aponta que essa ferramenta didática também se revela potencialmente significativa em termos da ativação do pensamento metacognitivo e tem sido utilizada no grupo de estudo como uma alternativa didática.

Considerações Finais

Os estudos apresentados, que têm sido realizados no grupo de pesquisa, têm por intuito evidenciar a possibilidade de a metacognição atuar como mecanismo potencializador da aprendizagem em Ciências, particularmente em Física. A escolha por trazer para a sala de aula momentos explícitos de ativação do pensamento metacognitivo está associada aos resultados promissores apontados nas pesquisas, segundo as quais essa forma de pensamento oportuniza aos estudantes condições para que compreendam, concomitantemente aos conhecimentos específicos das disciplinas escolares, os meios que os levaram a entender esses conhecimentos. A metacognição, assim estabelecida, oferece a esses estudantes a possibilidade de "aprender como aprender", repercutindo em uma habilidade individual para identificar, representar, planejar e avaliar determinado problema, que poderá ser uma situação de aprendizagem.

Referências

BIAZUS, Marivane de Oliveira. **Estratégias metacognitivas no ensino de Física:** análise de uma intervenção didática no ensino médio. 2021. 277f. Tese (Doutorado em Educação) – Universidade de Passo Fundo, Passo Fundo, 2021.

BOSZKO, Camila. **Diários de aprendizagem e os processos metacognitivos**: estudo envolvendo professores de Física em formação inicial. 2019. Dissertação (Mestrado em Educação) – Universidade de Passo Fundo, Passo Fundo, 2019.

BROWN, Ann L. Knowing when, where, and how to remember: a problem of metacognition. *In*: GLASER, Robert (Ed.). **Advances in instructional psychology**. Hillsdale, New Jersey: Lawrence Erlbaum Associates, v. 1, p. 77-165, 1978.

BROWN, Ann L. Metacognition, executive control, self-regulation, and other more mysterious mechanisms. *In*: WEINERT, Franz E.; KLUWE, Rainer H. (Eds.). **Metacognition, motivation and understanding**. Hillsdale, New Jersey: Lawrence Erlbaum Associates, 1987. p. 65-116.

FLAVELL, John. H. Metacognitive aspects of problem solving. In: RESNICK, Lauren B. (Ed.). **The nature of intelligence**. NJ: LEA, 1976. p. 231-236.

FLAVELL, John. H. Metacognition and cognitive monitoring: a new area of cognitive – developmental inquiry. **American Psychologist**, v. 34, n. 10, p. 906-911, 1979.

GHIGGI, Caroline. **Estratégias metacognitivas na resolução de problemas em Física**. 2017. Dissertação (Mestrado) – Programa de Pós-Graduação em Ensino de Ciências e Matemática, Universidade de Passo Fundo, Passo Fundo, 2017.

RIBEIRO, Cássia de A. G. **Estratégias metacognitivas para leitura e compreensão de textos**: avaliação de uma proposta no contexto do ensino de Física. 2021. 120f. Dissertação (Mestrado em Ensino de Ciências e Matemática) – Universidade de Passo Fundo, Passo Fundo, 2021.

ROSA, Cleci. T. Werner da. **A metacognição e as atividades experimentais no ensino de Física.** 2011. Tese (Doutorado em Educação Científica e Tecnológica) – Universidade Federal de Santa Catarina, Florianópolis, 2011.

ROSA, Cleci T. Werner da; MENESES VILLAGRÁ, Jesús A. Questionamento metacognitivo associado à abordagem didática por indagação: análise de uma atividade de ciências no ensino fundamental. **Investigações em Ensino de Ciências**, v. 25, n. 1, p. 60-76, 2020.

WERNER DA ROSA, Cleci T.; OTERO, José. Influence of source credibility on students' noticing and assessing comprehension obstacles in science texts. **International Journal of Science Education**, v. 40, n. 13, p. 1653-1668, 2018.

CAPÍTULO 7

O Ensino por Investigação nas pesquisas do Promestre/ FaE/ UFMG

Nilma Soares da Silva[1]
Eliane Ferreira de Sá[2]
Marina de Lima Tavares[3]

Introdução

A DIVERSIDADE e a Inovação na Pesquisa têm constituído uma rede de pesquisadores em torno da temática Educação em Ciências e vêm proporcionando, por um lado, trabalhos com debate teórico e metodológico qualificado e, por outro, propostas de extensão de caráter diversificado com estreita relação entre a Universidade, a Educação Básica e outros espaços educativos. As propostas pedagógicas na formação de professores e de intervenção em espaços educativos têm surgido de pesquisas desenvolvidas no âmbito dos cursos de licenciatura, especialização, mestrado e doutorado na área de Ciências da Natureza.

O ensino por investigação tem sido uma perspectiva bastante utilizada nas propostas de recursos educacionais das pesquisas desenvolvidas pelos mestrandos na linha de Ensino de Ciências do Programa de Pós-Graduação

---

1 Professora do Departamento de Métodos e Técnicas de Ensino da Faculdade de Educação da UFMG e do Mestrado Profissional em Educação e Docência – Promestre, Diretora do Centro de Ensino de Ciências e Matemática de Minas Gerais – CECIMIG, Coordenadora do Curso de Especialização em Educação em Ciências – CECi. E-mail: nilmafaeufmg@gmail.com

2 Professora do Departamento de Educação da Universidade do Estado de Minas Gerais, unidade Ibirité e do Mestrado Profissional em Educação e Docência – Promestre. Coordenadora do Centro de Extensão da UEMG/Ibirité. E-mail: eliane.sa@uemg.br

3 Professora do Departamento de Métodos e Técnicas de Ensino da Faculdade de Educação da UFMG e do Mestrado Profissional em Educação e Docência – Promestre, Vice coordenadora do Curso de Licencitarua Intercultural para Educadores Indígenas – FIEI.
E-mail: marina_tavares@hotmail.com

Mestrado Profissional Educação e Docência (Promestre) da Faculdade de Educação (FaE) da Universidade Federal de Minas Gerais (UFMG). Nessas pesquisas, as propostas educacionais desenvolvidas colocam o estudante como participante ativo do processo de construção de conhecimentos de forma a torná-lo protagonista da ação escolar. Também localizam o processo investigativo como elemento central das situações didáticas planejadas de modo a possibilitar novas compreensões acerca do mundo.

O Ensino de Ciências por meio da investigação é uma abordagem de ensino que vem sendo amplamente difundida no Brasil, assim como em vários países da América e da Europa. Em muitos desses países a investigação é o eixo central dos documentos normatizadores da Educação em Ciências. No Brasil, os Parâmetros Curriculares Nacionais (PCN) traziam orientações alinhadas a essa abordagem. Já a Base Nacional Comum Curricular (BNCC) apresenta, explicitamente, a orientação para se promover o Ensino de Ciências na perspectiva investigativa em toda educação básica.

Em decorrência dessa crescente difusão dessa abordagem de ensino, diversas iniciativas têm sido implementadas na perspectiva de formar professores para que possam promover o Ensino de Ciências por investigação em suas escolas. Por exemplo, o Curso de Especialização em Educação em Ciências (CECI), ofertado pelo Centro de Ensino de Ciências e Matemática (CECIMIG) da Faculdade de Educação da UFMG, que é voltado para professores da área de Ciências da Natureza.

Em nosso grupo de pesquisa Diversidade e Inovação na Pesquisa em Educação em Ciências (DIPEC), temos nos debruçado em estudos para compreender com mais profundidade a implementação dessa abordagem em sala de aula nas pesquisas desenvolvidas no Promestre/FaE/UFMG. Desde sua criação, foram desenvolvidas 41 pesquisas na linha Ensino de Ciências. Diante desse número de trabalhos e considerando que Promestre/FaE/UFMG completará dez anos em 2024, surgiu a necessidade de identificar os formatos das pesquisas e recursos educacionais produzidos pela linha ao longo dos anos. Nesse contexto, nos propomos investigar as contribuições que as pesquisas desenvolvidas com o foco na abordagem investigativa, no período de 2015 a 2019, apresentam para o Ensino de Ciências na educação básica e no ensino superior. Para isso, percorremos os resumos das dissertações buscando identificar os recursos educacionais produzidos, os modos de implementação em sala de aulas, as dificuldades e avanços nas abordagens investigativas propostas.

A importância desse estudo decorre da necessidade de delinear a identidade da pesquisa realizada no âmbito dos mestrados profissionais em educação, com possibilidades de ampliar o conhecimento sobre a produção acadêmica nesta modalidade de pós-graduação *stricto sensu* e de construir indicativos de avanços nas propostas de abordagens investigativas nas aulas de ciências.

Como mestrado profissional, o Promestre atende a objetivos diretamente relacionados ao alcance que os trabalhos desenvolvidos têm nos contextos reais de desenvolvimento das intervenções e pesquisas planejadas pelos discentes do curso, que, em sua maior parte, são professores da educação básica.

Referenciais Teóricos

Nas últimas décadas, é possível perceber um crescente interesse de pesquisadores brasileiros pela contribuição da investigação nas salas de aulas de ciências (FARIA; SILVA, 2023; TORQUATO; NEVES, 2021; SASSERON, 2018; MALINE *et al.* 2018; SÁ; LIMA; AGUIAR, 2011; MUNFORD; LIMA, 2007; BORGES, 2004; CARVALHO, 2004). Esse crescimento das pesquisas levou à realização do primeiro Encontro Nacional de Ensino de Ciências por Investigação – ENECI, em 2017, na USP e da segunda edição em Belo Horizonte, em 2020, organizado pela Universidade Federal de Minas Gerais (UFMG) e pela Universidade Estadual de Minas Gerais (UEMG).

A discussão central que perpassa as pesquisas sobre Ensino por Investigação converge para a defesa de que o conhecimento em Ciências não pode ser reduzido ao conhecimento apenas de conceitos e fatos – inclusive porque as Ciências são também constituídas de processos e produtos. Entendemos que os processos estão relacionados à forma como os conceitos e teorias são utilizadas, enquanto os produtos são novos conceitos e teorias. Nesse sentido, é fundamental que os estudantes, ao longo de sua vida escolar, gradativamente, desenvolvam um entendimento da natureza das explicações, dos modelos e das teorias científicas, bem como das práticas utilizadas para gerar esses produtos.

Durante o processo de escolarização, além da aprendizagem de conteúdos conceituais, é importante que os estudantes aprendam a descrever objetos e eventos, a levantar questões, a planejar e propor maneiras de resolver problemas e responder questões, a coletar e analisar dados, a estabelecer relações entre explicações e evidências, a aplicar e testar ideias científicas, a construir e defender argumentos e a comunicar suas ideias. Nessa direção, a BNCC (BRASIL, 2018) destaca que o Ensino das Ciências deve ocorrer na articulação com outros campos de saber e que "precisa assegurar aos alunos do Ensino Fundamental o acesso à diversidade de conhecimentos científicos produzidos ao longo da história, bem como a aproximação gradativa aos principais processos, práticas e procedimentos da investigação científica" (BRASIL, 2018, p. 319).

O processo investigativo é apresentado na BNCC como sendo um contraponto à realização de tarefas com etapas predefinidas e é descrito do seguinte modo:

> O processo investigativo deve ser entendido como elemento central na formação dos estudantes, em um sentido mais amplo, e cujo envolvimento deve ser atrelado a situações didáticas planejadas ao longo de toda a educação básica, de modo a possibilitar aos alunos revisitar de forma reflexiva seus conhecimentos e sua compreensão acerca do mundo em que vivem. (BRASIL, 2018, p. 322).

Entretanto, mesmo recebendo destaque na BNCC, tanto aqui no Brasil quanto nos países onde a proposta de ensino por investigação já se encontra bem consolidada, os pesquisadores destacam a existência de uma polissemia em relação ao sentido do termo investigação, bem como de inúmeras perspectivas diferentes de ensino por investigação (SASSERON, 2018; SÁ, 2009; GRANDY; DUSCHL, 2005). Para Lagarón (2014), essa polissemia pode ser organizada em três perspectivas: 1) investigação como uma abordagem para ensinar e aprender conhecimentos e métodos das ciências; 2) investigação como uma capacidade que os estudantes devem adquirir por meio da experiência escolar; 3) investigação como algo que é inerente aos métodos de produção do conhecimento científico e que os estudantes precisam compreender. Na primeira noção, a investigação é uma abordagem de ensino e de aprendizagem; nas duas últimas, a investigação é um conteúdo a ser ensinado e aprendido.

Sasseron (2018) considera o ensino por investigação como uma abordagem didática e aponta os cinco principais elementos que sustentam a concepção do ensino por investigação como abordagem: (1) o papel intelectual e ativo dos estudantes; (2) a aprendizagem para além dos conteúdos conceituais; (3) o ensino por meio da apresentação de novas culturas aos estudantes; (4) a construção de relações entre práticas cotidianas e práticas para o ensino e (5) a aprendizagem para a mudança social.

Sasseron (2018) argumenta que o ensino por investigação não deve estar associado ao cumprimento de um roteiro descritivo de ações que permitam a conclusão de uma atividade, ou seja, não deve se basear no desenvolvimento de conhecimento de processos. Além dos processos, é importante o desenvolvimento do conhecimento conceitual e epistêmico que, quando conectados, contribuem para o desenvolvimento do raciocínio científico. Para isso, o ensino por investigação deve levar em conta os conhecimentos que os estudantes já possuem, os problemas propostos a serem investigados, os modos de interação dos estudantes com o problema e a análise oriunda das interações ocorridas durante a aula (PINTO, 2021).

Em nosso grupo de estudo e pesquisa, trabalhamos com a perspectiva da investigação como uma abordagem de ensino que o professor pode utilizar em sua prática no cotidiano escolar. Essa abordagem pode englobar uma diversidade de tipos de atividades, desde que elas sejam centradas no aluno, propiciando o desenvolvimento de sua autonomia e de sua capacidade de tomar decisões, avaliar e resolver problemas ao se apropriar de conceitos e teorias das ciências da natureza. Contudo, como afirmam Sá e Maués (2018), não existe um roteiro que contenha todos os traços importantes de uma atividade investigativa. Não existe "o exemplo" por excelência. Um roteiro pode explorar vários dos elementos que compõem uma investigação, ou apenas um desses elementos. A postura do professor diante dos questionamentos dos alunos é outro aspecto importante. Ao invés de fornecer a resposta, o professor instiga o aluno a encontrá-la. Assim, o que faz mais sentido para designar o ensino investigativo é o ambiente em que ele ocorre, a postura do professor e dos estudantes e não a estruturação das atividades propriamente ditas.

Nessa perspectiva, o Ensino de Ciências que cria oportunidades para o estudante expressar seus pensamentos, levantar questões, investigar e explicar o mundo depende do papel que o professor desempenha na sala de aula enquanto mediador da aprendizagem. Assim, o professor deve ser um companheiro de viagem, mais experiente nos caminhos, na leitura dos mapas, no registro e na sistematização da experiência vivida (LIMA; MAUÉS, 2006).

Metodologia

Este estudo é de natureza qualitativa e contempla aspectos particulares das pesquisas realizadas por professores da educação básica com o objetivo de produzir reflexões, intervenções e recursos educacionais como forma de buscar alternativas inovadoras para questões identificadas em seus contextos de trabalho.

Consideramos a pesquisa qualitativa aplicada como referência, na medida em que esta valoriza as ações e conhecimentos e os seus resultados provocam impactos nos contextos educacionais e na sociedade. Nos Programas Profissionais, vem sendo assumida como pesquisa implicada/engajada, aquela que considera sua inserção social nas redes de trabalho.

A procura por formação nas redes de ensino tem estimulado trabalhos de intervenção nos processos formativos que envolvem alunos, professores, comunidade e uma relação intrínseca com as Universidades (HETKOWISKI, 2016). A pesquisa aplicada e de intervenção é a marca dos Mestrados Profissionais em Educação (MP) ao promoverem defesas finais com formatos que apontam para o trabalho prático e resultante do processo da pesquisa, em seu *locus*. Para Andre e Princepe (2017), a pesquisa "engajada" tem a realidade empírica como ponto de partida e de chegada e visa "evidenciar fatos específicos, pela compreensão de situações localizadas, buscando soluções e propondo alternativas" (ANDRE; PRINCEPE, 2017, p. 832).

Para a análise dos dados foi utilizada a Análise Textual Discursiva (ATD), que tem como base a abordagem de Moraes e Galiazzi (2007). Segundo os autores, essa análise é composta por três componentes e resulta em uma nova interpretação do todo. O primeiro componente, unitarização de ideias, consiste na desconstrução dos textos (falas, imagens, textos escritos) em pequenas unidades que carregam uma ideia completa. Após essa etapa, o estabelecimento de relação entre os elementos unitarizados consiste na categorização das ideias unitárias em grupos pré ou pós-estabelecidos pelos pesquisadores. O terceiro componente da ATD, denominado por Moraes e Galiazzi (2007) como captando o novo emergente, é a construção de um metatexto que traz uma nova compreensão do todo por meio da combinação das ideias unitárias com a interpretação e os sentidos dados pelos pesquisadores.

Entre as 41 dissertações defendidas na linha de Ciências no período de 2015 a 2019, selecionamos 13 dissertações as quais, por meio de busca por expressões – Investigação/Atividade investigativa/Ensino por investigação – em seus títulos e resumos, trataram das abordagens características do ensino por investigação. Para identificar as unidades, utilizaremos D1, D2 a D13, designando cada uma das 13 dissertações foco deste estudo.

Com foco na ATD, proposta por Moraes e Galiazzi (2007; 2011), foram realizadas leituras dos títulos e resumos selecionados previamente e identificados os fragmentos com maior semelhança ou aproximações significativas para a pesquisa. Esses fragmentos constituem as unidades de significados e identificamos a etapa como o processo de unitarização da pesquisa.

Em uma segunda etapa, estabelecemos relações entre as unidades de significados, o que possibilitou a emergência de categorias, sendo elas: 1. O Ensino por Investigação como abordagem e os modos de implementação em sala de aula, e 2. Desafios e avanços nas abordagens investigativas propostas.

Na terceira etapa, buscamos a compreensão dessas categorias constituindo os metatextos, explicações que fazem sentido ao relacionarem os objetivos da pesquisa, as unidades de significados e as categorias emergentes. De acordo com Souza e Galiazzi (2017):

> Na ATD, uma categoria é considerada válida quando destaca as principais características dos textos no seu processo de descrição e leva em consideração o contexto e os objetivos da pesquisa, o que atribui pertinência à categoria. A validação pode ter derivação teórica ou emergente a partir da empiria com ancoragem nos textos. (SOUZA; GALIAZZI, 2017, p. 526)

Identificamos as categorias emergentes como resultado do contexto desta pesquisa, assim como das derivações teóricas e metodológicas advindas dos sujeitos produtores do conteúdo e seus contextos, ou seja, professores da educação básica e suas indagações sobre inovações e reflexões em suas salas de aulas.

Caracterização das pesquisas desenvolvidas numa abordagem investigativa

Apresentamos aqui os dados construídos a partir da leitura atenta dos resumos das dissertações. Identificamos o nível de ensino no qual a pesquisa foi desenvolvida, o formato do recurso educacional, bem como sua temática. Além disso, destacamos a modalidade da pesquisa, como aplicada ou aplicada com intervenção. De acordo com Faria e Silva (2023, p. 55):

> Se diz pesquisa aplicada porque está dedicada ao desenvolvimento de um produto de natureza educacional que tenha a possibilidade de ser utilizado por outros profissionais para fins da melhoria na educação, ou seja, um produto que permita a atuação na prática com problemas reais tal como a criação de cursos (OLIVEIRA; ZAIDAN, 2018). Se diz pesquisa com intervenção porque tem como foco a realidade empírica e como objetivo evidenciar situações específicas que façam a comunidade escolar a refletir a fim de buscar mudanças sobre uma dada realidade por meio da perspectiva ação-reflexão-ação de Paulo Freire (VERCELLI, 2018).

No Quadro 1, apresentamos informações gerais sobre as dissertações, foco da pesquisa, e a seguir fazemos uma breve descrição dos trabalhos desenvolvidos.

Quadro 1 – Informações gerais sobre as pesquisas

Dissertação	Nível de ensino	Formato de recurso educacional/ Temática	Modalidade de pesquisa
D1	EJA	Sequência didática (SD)/ Produtos de limpeza	Aplicada com intervenção
D2	Ensino Médio	Sequência didática (SD)/ Soluções Isotônicas	Aplicada com intervenção
D3	Ensino Médio	Capítulo de livro/TICs no ensino de química	Aplicada com intervenção
D4	Ensino Médio	Sequência de ensino (SE)/ Cinema como estratégia didática	Aplicada com intervenção
D5	Ensino Fundamental	Sequência didática (SD)/ Reino animal – Vertebrados	Aplicada com intervenção
D6	Educação Infantil	Jogo dramático infantil – Teatro/ Desenvolvimento das Plantas	Aplicada com intervenção
D7	Ensino Fundamental	Sequência de ensino (SE)/ Órgãos dos Sentidos	Aplicada com intervenção

D8	Ensino Médio	SD/ Polímeros	Aplicada com intervenção
D9	Ensino Médio	SD/ Solos	Aplicada com intervenção
D10	Ensino Médio	Conjunto de atividades/ Propriedades periódicas	Aplicada
D11	Ensino Médio	Caderno temático/ Eletroquímica	Aplicada com intervenção
D12	Ensino Médio	Sequência de ensino (SE)/ Qualidade do Ar	Aplicada com intervenção
D13	Ensino Superior	Disciplina para a Licenciatura em Química/Culinária	Não se aplica

Fonte: Quadro elaborado pelas autoras.

Dos 13 resumos, foco de estudo, identificamos oito que tiveram como público-alvo estudantes do Ensino Médio (EM), um com estudantes da Educação de Jovens e Adultos (EJA), um com estudantes da Educação Infantil (EI), dois com estudantes do Ensino Fundamental (EF) e um com estudantes do Ensino Superior (ES).

Destacamos também os formatos dos recursos educacionais e a temática abordada pelos pesquisadores. Sobre os formatos, identificamos 12 materiais didático/instrucionais que se caracterizam como propostas de ensino ou de gestão educacional, tais como: sequências didáticas, roteiros de oficinas, cadernos de apoio ao professor/coordenador/gestor, guias ou manuais, objetos de aprendizagem, objetos digitais de aprendizagem, ambientes de aprendizagem, jogos educacionais de mesa ou virtuais. Em sua maioria (oito dissertações), foram elaboradas Sequências Didáticas (SD) ou de Ensino (SE), assim denominadas pelos autores. Identificamos ainda um capítulo de livro, um conjunto de atividades, um caderno temático, um jogo dramático infantil – teatro e uma disciplina para o Ensino Superior.

Quanto à modalidade de pesquisa, identificamos a pesquisa aplicada e pesquisa aplicada com intervenção. Nesse caso os pesquisadores têm como intenção aumentar o conhecimento sobre um dado objeto "intervindo na realidade com o objetivo de transformação da prática" (VERCELLI, 2018, p. 235). Em relação às dissertações D10 e D13, temos pesquisa aplicada sem intervenção na primeira, pois não houve intervenção na realidade da sala de aula do professor/pesquisador, somente com um grupo designado para a pesquisa.

No segundo, a pesquisa desenvolveu-se na sala de aula do ensino superior, não coincidente com o contexto real de trabalho do professor/pesquisador.

A investigação como abordagem de ensino e os modos de implementação em sala de aula

Nos resumos analisados, destacam-se as temáticas presentes nas dissertações: Produtos de limpeza; Soluções Isotônicas; Cinema; Vertebrados; Desenvolvimento das Plantas; Órgãos do Sentido; Polímeros; Solos; Qualidade do Ar; Pilhas; Culinária. Segundo os autores, essas temáticas são bastante atrativas e promotoras de engajamento, de maior participação dos estudantes e até de facilitadoras de aprendizagem, por se aproximarem de suas vivências. Além disso, ressaltam a importância da mediação pelos professores para o sucesso das atividades.

Vejamos o que os pesquisadores destacam sobre a importância da mediação dos professores para o desenvolvimento das atividades numa perspectiva investigativa:

> A análise dos dados indica também que a promoção de um ambiente de sala de aula mais participativo pelos educandos, a inserção de atividades experimentais, trabalhos em grupo, associado a uma postura de mediação do professor, podem ser fatores relevantes para aprendizagem processo de elaboração conceitual. (D1)

> As análises realizadas permitiram identificar tais aspectos [investigativos] (individualmente ou em conjunto) em todas as atividades propostas, desencadeados tanto pela condução das atividades pela professora/ pesquisadora, quanto nas interações entre os estudantes em seus grupos de trabalho. (D7)

Esses apontamentos apresentados nos resumos das pesquisas corroboram as discussões trazidas nos trabalhos de Sasseron (2018) e Sá, Lima e Aguiar (2011) que enfatizam a necessidade da articulação de um conjunto de elementos no espaço coletivo da sala de aula para que o ensino por investigação se concretize. Isso porque a atitude do professor de não dar a resposta correta, de instigar o estudante a se sentir curioso e estimulá-lo a sanar suas curiosidades buscando soluções para o problema, bem como preparar um material didático interessante, disponibilizar recursos necessários, entre outros, é essencial para que o ensino por investigação aconteça de fato.

Os autores também destacam que o uso da comunicação multimodal e o uso de recursos semióticos contribuem para as interações entre os estudantes e dos estudantes com os objetos de conhecimentos. Vejamos como esses elementos são destacados nos resumos dos trabalhos:

> Nas aulas investigativas as principais formas de interação dos estudantes foram pela comunicação verbal, pelas notas escritas e pelo gestual durante o posicionamento. No júri simulado constatamos a participação maciça dos estudantes, a possibilidade de iniciar uma mudança de opinião, mesmo nos alunos da graduação, e os jogos de simulação podem esclarecer questões sobre determinadas políticas públicas que envolvam temas controversos como o uso dos agrotóxicos. (D13)

> Também verificamos que o uso dos recursos semióticos, intencionalmente inseridos nas atividades da sequência, potencializaram o processo de investigação, pois desencadearam aspectos investigativos como problematizações, investigações para testar hipóteses e auxiliaram na construção de argumentações. (D7)

Os trechos destacados dos resumos de D13 e D7 ressaltam que o uso da linguagem pelos professores participantes na pesquisa ocorreu no contexto de uma performance comunicativa e envolveu vários modos de comunicação e representação para fazer sentido. Isso favoreceu o desenvolvimento da abordagem investigativa.

Para Vygotsky (2009), todo conhecimento é construído socialmente, no contexto das relações humanas, quem aprende e quem ensina fazem parte de um mesmo processo. No Ensino de Ciências por Investigação, além das interações entre professores e estudantes, há uma constante interação desses sujeitos com símbolos, signos culturais e objetos. Nesse sentido, no desenvolvimento de uma aula, um dos mediadores simbólicos e materiais utilizados é a linguagem e o discurso produzido na interação dos sujeitos envolvidos. Contudo, de acordo com Kress *et al.* (2001), a linguagem científica é essencialmente multimodal, o que inclui não só o aspecto verbal, mas também diagramas, gráficos e fórmulas.

Um ambiente investigativo propício à aprendizagem é construído nas interações e todos os envolvidos nessa construção têm papéis únicos e igualmente relevantes. Nesse sentido, alguns trabalhos do Promestre destacam o Engajamento Disciplinar Produtivo como um elemento importante para o desenvolvimento do ensino por investigação. Vejamos como isso aparece nos resumos:

> A sequência didática obteve resultados eficazes relativos ao EDP [Engajamento Disciplinar Produtivo] abrangendo os princípios estabelecidos pelos autores para a promoção de uma aprendizagem participativa e produtiva. (D5)

> Os alunos mostraram-se totalmente envolvidos e participativos nas atividades, tanto nas atividades do Ensino de Ciências, quanto nas atividades relacionadas ao teatro. Ainda observamos que, para uma atividade que visa ao ensino, o jogo dramático infantil contribuiu para a contextualização do assunto estudado. (D6)

De acordo com Engle e Conant (2002), o engajamento dos estudantes é produtivo na medida em que eles fazem progresso intelectual, ou seja, à medida que eles deslocam de um nível de aprendizagem para outro. A constituição dessa produtividade depende da disciplina. No nosso caso, das disciplinas científicas, a avaliação do avanço da produtividade no desenvolvimento de atividades investigativas depende das interações vivenciadas entre estudantes e professores e das interações desses sujeitos com os objetos de conhecimento a serem investigados.

Além do ambiente propício ao ensino e aprendizagem numa abordagem investigativa, a diversificação das atividades propostas também são elementos importantes, como podemos perceber nos trechos destacados a seguir:

> A pesquisa, amparada pelos pressupostos teóricos do ensino por investigação, da teoria da ação mediada e do uso das tecnologias de comunicação e informação, no caso o Blog, tece considerações sobre as contribuições da ferramenta virtual no contexto investigativo. Dentre elas, destacamos o uso adequado do Blog para sistematizar e socializar as ideias dos estudantes. (D9)

> Os resultados evidenciam que a estratégia de ensino WebQuest pode contribuir de forma efetiva para o Ensino de Química, uma vez que as atividades WebQuest desenvolvidas no âmbito da Sequência de Ensino colaboram, por meio da pesquisa, da correlação entre teoria e prática, do desenvolvimento de trabalhos em grupos e, sobretudo, pelo fato de estarem orientadas e estruturadas de forma que os estudantes se engajam no desenvolvimento de tarefas de investigação, o que potencializou a aprendizagem dos conceitos e fenômenos químicos e/ou científicos trabalhados. (D11)

Esses dois apontamentos destacam o uso de Blog e WebQuest no desenvolvimento do ensino por investigação. Isso dialoga com os estudos realizados por Munford e Lima (2007), que nos chamam atenção para um equívoco comum entre pessoas que acreditam que o Ensino de Ciências por Investigação envolve necessariamente atividades práticas ou experimentais ou que se restringe a elas. Em contraponto a esse pensamento, os dois apontamentos destacados apresentam estudos com atividades que não são práticas ou experimentais, mas que se configuraram como investigativas.

De acordo com Sá, Lima e Aguiar (2011), o que potencializa uma atividade como investigativa é um conjunto de características e circunstâncias que contribuem para que o aluno inicie uma atividade dotada de motivações, inquietações e demandas que vão acabar por conduzi-lo na construção de novos saberes, valores e atitudes. Nesse sentido, uma diversidade de atividades, como atividades práticas (experimentais, de campo e de laboratório); atividades teóricas; atividades de simulação em computador; atividades com bancos de dados; atividades de avaliação de evidências; atividades de demonstração; atividades de pesquisa; atividades com filme; elaboração verbal e escrita de desenho de pesquisa podem ser desenvolvidas numa abordagem investigativa.

Alguns trabalhos desenvolvidos no Promestre destacam contribuições do Ensino de Ciências por Investigação para o processo de Alfabetização Científica. Vejamos um exemplo de como essa relação é relatada:

> Os resultados apontam que a sequência de ensino utilizada contribuiu para o avanço progressivo dos alunos em outras habilidades durante os processos envolvidos na análise da qualidade do ar, para além do conteúdo conceitual. Foram propiciados momentos de investigação com relações entre CTSA, possibilitando assim o início de uma alfabetização científica. Nesse sentido,

> foram apontados indicadores da AC, com movimentos que incentivaram a seriação, organização e classificação de informações, o raciocínio lógico e proporcional, o levantamento e teste de hipóteses, a previsão, justificativa, explicação e articulação de ideias, a investigação, a argumentação, a leitura e escrita, a problematização, a criação e a atuação. (D12)

"A Alfabetização Científica deve possibilitar a ampliação do conhecimento de mundo, levando o sujeito a perceber-se como ser de opções com vistas à superação das condições de opressão a que se encontra submetido". (MARQUES; MARANDINO, 2018, p. 6). Sob essa perspectiva, Sasseron (2015) destaca que a Alfabetização Científica é vista como processo que não se encerra no tempo e não se encerra em si mesma. Essa mesma autora, visando avaliar a implementação de propostas que promovem a Alfabetização Científica em sala de aula, propôs alguns indicadores de Alfabetização Científica que evidenciam o papel ativo dos estudantes no processo de aprendizagem de Ciências. No trecho destacado do resumo da pesquisa de D12, o autor evidencia alguns desses indicadores, como: "a seriação, organização e classificação de informações, o raciocínio lógico e proporcional, o levantamento e teste de hipóteses, a previsão, justificativa, explicação e articulação de ideias, a investigação, a argumentação, a leitura e escrita, a problematização, a criação e a atuação." (D12).

Ao longo do desenvolvimento das pesquisas no Promestre, ao mesmo tempo em que os pesquisadores destacam as potencialidades do Ensino de Ciências numa abordagem investigativa e descrevem modos de implementação em sala de aula, destacam também desafios e avanços vivenciados nesse processo. Na próxima seção, refletiremos acerca de alguns desses desafios e avanços.

Desafios e avanços nas abordagens investigativas propostas

As dissertações defendidas no Promestre na linha de Ciências com o foco no Ensino por Investigação, de maneira geral, apresentam temáticas potencializadoras de problematizações autênticas e elementos que sustentam a concepção do ensino por investigação como abordagem didática. Contudo, alguns pesquisadores relatam dificuldades em se distanciarem do foco da aprendizagem centrada em conceitos, como indicam os trechos a seguir:

> Foram encontradas evidências de que houve circulação e apropriação de conceitos propostos na SD por parte dos educandos. (D1)
>
> No processo de apropriação de conceitos em sala de aula, faz-se necessário que os educandos sejam colocados em uma situação onde possam se expressar. Acreditamos que no movimento de confronto, enfrentamento e interpretação das suas próprias ideias e das ideias alheias que surgem novas apropriações de conceitos e a produção de outros sentidos para determinados termos. (D2)
>
> A proposta de trabalho favoreceu a aprendizagem de conhecimentos de Química quando consideramos as respostas de algumas questões que requerem o uso dos conceitos trabalhados. (D10)
>
> [...] o que potencializou a aprendizagem dos conceitos e fenômenos químicos e/ou científicos trabalhados. (D11)

Silva e Alvarenga (2021) apontam desafios em associar o conteúdo pedagógico aos projetos voltados para a prática da comunidade científica, o que reforça a ideia de que é preciso buscar articular o conteúdo com temas atuais e com suas aplicações ao cotidiano a fim de potencializar a participação dos estudantes nestas práticas.

Nascimento (2015) aponta a necessidade de um olhar cada vez mais crítico e desafiador para os materiais didáticos que são utilizados por longos períodos, sem avaliações críticas por parte dos professores. D8 considera um marco para futuros trabalhos e pesquisas envolvendo as relações que se estabelecem em sala de aula, o engajamento dos alunos nas atividades de ensino e a formação de pessoas atualizadas na produção tecnocientífica do seu dia a dia.

Nos trabalhos que contaram com o uso das ferramentas virtuais, houve destaque para as dificuldades dos estudantes, um dado importante quanto à excessiva ênfase nos planejamentos que demandam tais ferramentas. D9 aponta que

> Além das contribuições, indicamos que nem todos os alunos podem se engajar no uso da ferramenta virtual, então, sugerimos aos docentes a diversificação dos recursos didáticos para possibilitar aos alunos agirem e aprenderem por meio deles. (D9)

Em suas dissertações, os professores indicam avanços com as propostas investigativas quando encontram a possibilidade de criar um ambiente favorável, no qual os estudantes tiveram voz e foram ouvidos, sendo estimulados pela professora a participarem de todo o processo colocando suas opiniões, mesmo que a princípio suas ideias não se adequassem ao conceito científico. Foram foco das reflexões o envolvimento dos estudantes na discussão de temas atuais com aplicações no cotidiano; aulas mais motivadoras, engajamento e interesse dos estudantes, articulação do conteúdo com suas aplicações tecnológicas, ambientais e sociais, o que vem sendo discutido em publicações com egressos do Promestre (SILVA; ALVARENGA, 2021; NASCIMENTO, 2015).

É recorrente a indicação da mudança do papel do professor (a) que leva o aluno a pensar, discutir, registrar e socializar suas ideias.

> [...] os alunos foram motivados, facilitando a aprendizagem, além de contribuir na sua formação e exercício da cidadania. Junto com essas características, percebemos uma parceria entre a professora e estudantes, na qual a professora procurou falar com os estudantes e não aos estudantes, possibilitando o papel ativo dos mesmos na construção de sua autonomia por meio da interação entre pensar, sentir e fazer. Sobretudo, os estudantes tiveram oportunidades de desenvolver habilidades relacionadas à cultura científica na resolução de problemas. (D12)

D8 indica a importância em desenvolver um material didático que se adequa às realidades das salas de aulas, para as quais cresce a demanda pelo uso de novas tecnologias inter-relacionadas com a ciência e a sociedade. Nesse caso, o mestrado permite uma maior aproximação entre a pesquisa científica e acadêmica à prática escolar no intuito de unir forças para tentar superar ou mesmo amenizar os graves problemas presentes no cotidiano de escolas públicas (NASCIMENTO; SILVA, 2018).

D12 aponta a participação dos estudantes em eventos, como a UFMG Jovem, como resultados da elaboração de trabalhos de investigação, o que corrobora com Silva e Silva (2021) quando apresentam a importância das feiras escolares como espaços de divulgação científica.

> [...] apresentando o medidor da qualidade do ar na UFMG Jovem. Momento de atuação dos estudantes, onde trouxeram para a esfera pública o que foi vivenciado em sala de aula. (D12)

Considerações Finais

Neste trabalho, nos propusemos a investigar as contribuições que as pesquisas desenvolvidas com o foco na abordagem investigativa apresentam para o Ensino de Ciências na educação básica e no ensino superior. Para isso, percorremos os resumos das dissertações defendidas no período de 2015 a 2019, buscando identificar os recursos educacionais produzidos, os modos de implementação em sala de aulas, os desafios e avanços nas abordagens investigativas propostas.

Nossa análise permitiu identificar 13 resumos que apresentavam como público-alvo estudantes do Ensino Médio (EM), da Educação de Jovens e Adultos (EJA), da Educação Infantil (EI), do Ensino Fundamental (EF) e do Ensino Superior (ES). Os formatos dos recursos educacionais produzidos foram sequências didáticas, roteiros de oficinas, cadernos de apoio ao professor/coordenador/gestor, guias ou manuais, objetos de aprendizagem, objetos digitais de aprendizagem, ambientes de aprendizagem, jogos educacionais de mesa ou virtuais. Todos os trabalhos analisados foram categorizados na modalidade de pesquisa aplicada e pesquisa aplicada com intervenção.

Ao longo do desenvolvimento das pesquisas no Promestre, muitos pesquisadores destacam elementos importantes na implementação do Ensino de Ciências numa abordagem investigativa, tais como: a importância da mediação dos professores para o desenvolvimento das atividades numa perspectiva investigativa; a contribuição do uso da comunicação multimodal e de recursos semióticos para a promoção de interações entre os estudantes e dos estudantes com os objetos de conhecimentos; o Engajamento Disciplinar Produtivo e a diversificação das atividades propostas com elementos importantes para o desenvolvimento do ensino por investigação; as potencialidades do Ensino de Ciências por Investigação para o processo de Alfabetização Científica.

Além disso, pudemos destacar alguns desafios e avanços na implementação da abordagem investigativa tais como: a dificuldade em se distanciar do foco meramente conceitual; desafios em associar o conteúdo pedagógico aos projetos voltados para a prática da comunidade científica; o uso de os materiais didáticos por longos períodos, sem avaliações críticas por parte dos professores; dificuldades dos estudantes com o uso das ferramentas virtuais; avanço e inovação no papel do professor como mediador, na participação ativa dos estudantes e aproximação com as práticas científicas (participação em eventos) e na produção de materiais didáticos atualizados com a pesquisa em educação em ciências.

A partir do diálogo que estabelecemos entre a literatura oriunda da pesquisa em Ensino de Ciências por Investigação e os saberes que emergem das pesquisas desenvolvidas no Promestre, ficamos cada vez mais convencidas de que um ambiente com atividades de ensino diversificadas, desenvolvidas com abordagem investigativa, no qual múltiplas mediações são utilizadas, amplia as oportunidades de engajamento dos estudantes que, geralmente, apresentam diferentes interesses e estilos de aprendizagem.

Além disso, a participação de professores da educação básica em programas de pós-graduação profissionais que estimulem o desenvolvimento de pesquisas aplicadas e relacionadas às realidades das escolas e salas de aula favorece tanto a reflexão desses professores sobre suas práticas quanto a interlocução entre Universidades e Redes de Ensino.

Esta pesquisa se limitou a investigar os resumos das pesquisas desenvolvidas na linha Ensino de Ciências do Promestre/FaE/UFMG. Acreditamos que seja relevante investigar com mais detalhes os trabalhos completos, assim como ampliar a amostra e abordagens, o que poderá ser oportunizado em futuras publicações.

Referências

ANDRE, M.; PRINCEPE, L. O lugar da pesquisa no mestrado profissional em educação. **Educar em Revista**, Curitiba, n. 633, p. 103-117, 2017.

BORGES, A. T. Novos rumos para o laboratório escolar de ciências. **Caderno Brasileiro de Ensino de Física**, Florianópolis, SC, v. 19, n. 3, p. 291-313, 2002.

BRASIL. **Base Nacional Comum Curricular** – Ensino Fundamental. Brasília: Ministério da Educação, v. 3, 2018.

BRASIL. **Parâmetros Curriculares Nacionais**. Brasília: Ministério da Educação, 1998.

CARVALHO, A. M. P. (org.). **Ensino de Ciências**: unindo a pesquisa e a prática. São Paulo: Pioneira Thompson Learning, 2004.

ENGLE, R. A; CONANT, F. R. Guiding Principle for Fostering Productive Disciplinary Engagement: Explaining an Emergent Argument in a Community of Learners Classroom. **Cognition and Instruction**, *[S. l.]*, v. 20, p. 399-484, 2002.

FARIA, D. M; SILVA, N. S. Investigação na Cozinha. **Revista Interdisciplinar Sulear**, *[S. l.]*, v. 5, n. 13, p. 51–77, 2023. Disponível em: https://doi.org/10.36704/sulear.v5i13.7485. Acesso em: 23 de jun. 2023.

GRANDY, R.; DUSCHIL, R.: Reconsidering the Character and Role of Inquiry in School Science: Analysis of a Conference. **Science & Education**, *[S. l.]*, v. 16, n. 2, fev., 2007.

HETKOWISKI, T. M. Mestrados Profissionais em Educação: políticas de implantação e desafios às perspectivas metodológicas. **Revista Plurais**, Salvador, v. 1, n. 1, p. 10-29, jan./abr. 2016.

KRESS, G.; JEWITT, C.; OGBORN, J; TSATSARELIS, C. **Multimodal Teaching and Learning**: the rhetorics of the science classroom. London: Continuum, 2001.

LAGARÓN, D. C. De la moda de "aprender indagando" a la indagación para modelizar: una reflexión crítica. *In:* Encuentro de Didáctica de las Ciencias Experimentales, 26., 2014, Huelva (Andalucía). **Anais [...]** Huelva: Universidad de Huelva, 2014. p. 1-28. Disponível em: http://uhu.es/26edce/actas/docs/conferencias/pdf/26ENCUENTRO_DCE-ConferenciaPlenariaInaugural.pdf. Acesso em: 29 jun. 2023.

LIMA, M. E. C. C.; MAUÉS, E. Uma releitura do papel da professora das séries iniciais no desenvolvimento e aprendizagem de ciências das crianças, Belo Horizonte, **Ensaio - Pesquisa em Educação em Ciências**, v. 8, n. 2, dez. 2006.

MALINE, C.; SÁ, E.; MAUÉS, E.; SOUZA, A. Ressignificação do Trabalho Docente ao Ensinar Ciências na Educação Infantil em uma Perspectiva Investigativa. **Revista Brasileira De Pesquisa Em Educação Em Ciências,** v. 18, n. 3, 2018.

MARQUES, A. C. T. L., MARANDINO, M. Alfabetização científica, criança e espaços de educação não formal: diálogos possíveis. **Educação e Pesquisa,** v. 44, e170831, 2018.

MORAES, R.; GALIAZZI, M. C. **Análise textual discursiva**. Ijuí: Ed. Unijuí, 2007.

MORAES, R.; GALIAZZI, M. C. **Análise textual discursiva**. Ijuí: Ed. Unijuí. 2011.

MUNFORD, D., LIMA, M. E. C. C. Ensinar ciências por investigação: em que estamos de acordo? Belo Horizonte, **Ensaio - Pesquisa em Educação em Ciências,** v. 9, n. 1, p. 89-111, 2007.

NASCIMENTO, A. M. **Uma sequência de ensino sobre polímeros para o ensino médio de química:** a trajetória de produção, desenvolvimento e análise. 2015. 116 f. Dissertação (Mestrado Profissional em Educação e Docência) – Faculdade de Educação, Universidade Federal de Minas Gerais, Belo Horizonte, 2015.

NASCIMENTO, A. K. M.; SILVA, N. S. Polímeros. *In*: MORTIMER, Eduardo Fleury; SILVA, Penha Souza. (org.). **Elaborando Sequências Didáticas para o Ensino Médio de Química**. 1. ed. Belo Horizonte: FAPEMIG, 2018, v. 1, p. 130-164.

PINTO, R. M. **O ensino da grandeza quantidade de matéria e sua unidade, o mol.** 2021. 260 f. Dissertação (Mestrado Profissional em Educação e Docência) - Faculdade de Educação, Universidade Federal de Minas Gerais, Belo Horizonte, 2021.

SÁ, E. F; LIMA, M. E. C. C; AGUIAR, O. G. A construção de sentidos para o termo ensino por investigação no contexto de um curso de formação. **Investigações em Ensino de Ciências**, Porto Alegre, v. 16, n. 1, p. 79-102, 2011.

SÁ, E. F. de; MAUÉS, E. R. C. Discutindo o Ensino de Ciências por investigação – ENCI A – Ensino de Ciências por Atividades Investigativas- Curso de Especialização em Ensino de Ciências ofertado pelo CECIMIG/FAE/UFMG, 2018.

SÁ, E. F. **Discursos e Práticas de professores sobre ensino de ciências por investigação**. 2009. 202 f. Tese (Doutorado em Educação: Conhecimento e Inclusão Social) – Faculdade de Educação, Universidade Federal de Minas Gerais, Belo Horizonte, 2009.

SASSERON, L. Ensino de Ciências por Investigação e o Desenvolvimento de Práticas: Uma Mirada para a Base Nacional Comum Curricular. **Revista Brasileira De Pesquisa Em Educação Em Ciências**, Belo Horizonte, v. 18, n. 3, p. 1061-1085. 2018. Disponível em: https://doi.org/10.28976/1984-2686rbpec20181831061. Acesso em: 23 jun. 2023.

SASSERON, L. Alfabetização científica, ensino por investigação e argumentação: relações entre ciências da natureza e escola. **Revista Ensaio - Pesquisa em Educação em Ciências**, Belo Horizonte, v. 17 n. especial, p. 49-67, novembro 2015. DOI - http://dx.doi.org/10.1590/1983-2117201517s04

SILVA, N. S.; ALVARENGA, M. P. F. Investigações sobre a qualidade do ar e possibilidades de alfabetização científica. *In*: SILVA, N. S.; OLIVEIRA, M. S.; HETKOWSKI, T. M. (org.). **Educação Científica e Escola Inovadora**. Curitiba: Appris, 2021, v. 1, p. 141-156.

SILVA, N. S.; SILVA, R. P. Feira de Ciências para quê? O que os estudantes esperam da feira de ciências? *In*: SILVA, N. S.; OLIVEIRA, M. S.; HETKOWSKI, T. M. (org.). **Educação Científica e Escola Inovadora**. Curitiba: Appris, 2021, v. 1, p. 37-50.

SOUSA, R. S.; GALIAZZI, M. C. **Revista Pesquisa Qualitativa**. São Paulo, v. 5, n. 9, p. 514-538, dez. 2017.

TORQUATO, G. O.; NEVES, M. L. C. O ensino de Ciências por Investigação como orientador do planejamento de ensino: uma discussão a partir da análise de uma sequência de aulas. **Revista Interdisciplinar Sulear**, *[S. l.]*, n. 10, p. 106–116, 2021. Disponível em: https://revista.uemg.br/index.php/sulear/article/view/598. Acesso em: 23 jun. 2023.

VERCELLI, L. C. A. A pesquisa aplicada com intervenção em um programa de mestrado profissional em educação: implicações na profissionalidade docente. **Crítica Educativa**, Sorocaba-SP, v. 4, n. 2, p. 5-18, 2018.

VYGOTSKY, L. S. **A construção do pensamento e da linguagem**. Tradução de Paulo Bezerra. São Paulo: WMF Martins Fontes, 2009.

CAPÍTULO 8

A prática interdisciplinar no Ensino de Ciências: reflexões de um grupo de pesquisa sobre as potencialidades e desafios para o seu desenvolvimento na educação brasileira

Danilo Lopes Santos[1]
Aline de Souza Janerine[2]
Geraldo W. Rocha Fernandes[3]

Introdução

A BUSCA pela prática interdisciplinar no campo do Ensino de Ciências tem ganhado cada vez mais destaque, impulsionada pela compreensão de que a complexidade dos problemas contemporâneos exige uma visão integrada e multidimensional. Nesse contexto, o Grupo de Estudos e Pesquisas em Abordagens e Metodologias de Ensino de Ciências (GEPAMEC) da Universidade Federal dos Vales do Jequitinhonha e Mucuri (UFVJM) tem se dedicado ao estudo, à reflexão e à promoção da interdisciplinaridade como uma prática pedagógica. A interdisciplinaridade, ao romper com as barreiras

1 Licenciado em Química e Física e Mestre em Educação em Ciências, Matemática e Tecnologia (PPGECMaT) pela Universidade Federal dos Vales do Jequitinhonha e Mucuri (UFVJM). Membro do Grupo de Estudos e Pesquisas em Abordagens e Metodologias de Ensino de Ciências (GEPAMEC). E-mail: danilo.lopes@ufvjm.edu.br

2 Professora Adjunta no Departamento de Química e no Programa de Pós-Graduação em Educação em Ciências, Matemática e Tecnologia (PPGECMaT) na Universidade Federal dos Vales do Jequitinhonha e Mucuri (UFVJM). Membro do Grupo de Estudos e Pesquisas em Abordagens e Metodologias de Ensino de Ciências (GEPAMEC).
E-mail: aline.janerine@ufvjm.edu.br

3 Doutor em Ensino de Ciencias e Professor do Programa em Educacao em Ciencias, Matematica e Tecnologia (PPGECMaT) pela Universidade Federal dos Vales do Jequitinhonha e Mucuri (UFVJM). Lider do Grupo de Estudos e Pesquisas em Abordagens e Metodologias do Ensino de Ciências (GEPAMEC). E-mail: geraldo.fernandes@ufvjm.edu.br

características do isolamento das disciplinas, possibilita uma compreensão mais ampla e contextualizada dos fenômenos científicos, promovendo uma aprendizagem significativa e engajadora para os estudantes. Este texto apresenta algumas reflexões sobre a compreensão de práticas interdisciplinares adotadas no GEPAMEC a fim de compreender seus impactos no processo de ensino-aprendizagem e no desenvolvimento de competências científicas dos alunos.

A prática disciplinar

Compreendemos que o processo de disciplinarização, ao longo da História da Educação e das Ciências, foi importante por permitir a organização, aprofundamento e especialização do conhecimento em diferentes áreas, impulsionando o progresso científico, tecnológico e acadêmico. Inicialmente, as discussões sobre interdisciplinaridade se concentraram principalmente no contexto da pesquisa científica, com menos ênfase na prática educativa e elas surgiram como resposta às dificuldades enfrentadas pela ciência ao lidar com a excessiva especialização do conhecimento (LAVAQUI; BATISTA, 2007).

Nesse sentido, Morin (1996, p. 99 *apud* LAVAQUI; BATISTA, 2007) discute que o "progresso dos conhecimentos especializados que não se podem comunicar uns com os outros provoca a regressão do conhecimento geral". Segundo Neto (2013), alguns autores como Gusdorf (1983 *apud* NETO, 2013), Japiassu (1976) e Morin (2000 *apud* NETO, 2013) combatem a soberania da disciplina e defendem que o caráter disciplinar só dificulta a aprendizagem dos alunos. Japiassu (1976) defende a ideia de que as disciplinas são as verdadeiras "patologias do saber" (NETO, 2013, p. 130). Japiassu (1976), em seu livro *Interdisciplinaridade e Patologia do Saber*, discute as consequências negativas resultantes da intensa especialização em várias áreas do conhecimento e utiliza uma metáfora, comparando esse fenômeno com o desenvolvimento de um câncer no campo do saber (ARAÚJO, 2018).

Ainda no sentido de refletir sobre a disciplinarização, Ávila *et al.* (2017) alertam que a subdivisão dos tradicionais campos do conhecimento em áreas especializadas e independentes foi importante para os avanços da produção científica, não obstante, a fragmentação do conhecimento é o custo dessa excessiva especialização, ficando difícil reconectar as fronteiras e estabelecer as devidas pontes entre as disciplinas no sentido de solucionar problemas complexos. Portanto, a discussão sobre a interdisciplinaridade, no âmbito da educação escolar, surge associada à finalidade de corrigir erros originados de uma ciência excessivamente compartimentada (SANTOMÉ, 1998; *apud* AVILA *et al.*, 2017).

A prática interdisciplinar

A temática da interdisciplinaridade tem sido debatida por especialistas de diversas áreas há mais de quatro décadas. Ao longo desse período, autores renomados, como Hilton Japiassu (1976), têm contribuído com valiosas perspectivas e características que são amplamente aceitas pela comunidade acadêmica quando se trata do conceito de interdisciplinaridade. Segundo esse autor, a interdisciplinaridade

> [...] pode ser caracterizada como o nível em que a colaboração entre as diversas disciplinas ou entre os setores heterogêneos de uma mesma ciência conduz a interações propriamente ditas. Isto é, a uma certa reciprocidade nos intercâmbios, de tal forma que, no final do processo interativo, cada disciplina saia enriquecida (JAPIASSU, 1976, p. 75).

Lavaqui e Batista (2007) consideram em seu trabalho que o conceito de interdisciplinaridade não apresenta uma definição fixa e que ele está relacionado a diversas concepções epistemológicas. Todavia, conforme a proposta de Lenoir (1998), a interdisciplinaridade abrange diferentes áreas de aplicação, tais como: científica, escolar, profissional e prática. No contexto da discussão sobre a Interdisciplinaridade no Ensino de Ciências, o foco de interesse recai sobre a Interdisciplinaridade Escolar.

Quando buscamos compreender a Interdisciplinaridade Escolar, podemos observar que esta apresenta finalidades, concepções epistemológicas e organização distintas da Interdisciplinaridade Científica. Portanto, como "não se pode confundir disciplina científica e disciplina escolar" (LENOIR, 1998, p. 47), também não podemos confundir Interdisciplinaridade Científica com Interdisciplinaridade Escolar (FAZENDA, 2011). Nesse sentido, Lavaqui e Batista (2007) discutem que

> A interdisciplinaridade, como entendida no campo da Ciência, não se apresenta como viável de ser implementada na perspectiva educacional, pois, dentre outras características, a concepção de disciplina escolar é diferente da concepção de disciplina científica, e os objetivos da disciplina escolar também o são em relação às disciplinas científicas. Disso decorre a inadequação da simples transferência de referenciais teórico metodológicos daquela para a fundamentação desta última (LAVAQUI; BATISTA, 2007, p. 417–418).

No campo da Educação em Ciências, o conceito de interdisciplinaridade, especialmente no contexto escolar, é amplamente debatido e possui diversas interpretações e, desde suas bases epistemológicas até as práticas pedagógicas concretas, existem diferentes perspectivas e entendimentos sobre o tema (LAVAQUI; BATISTA, 2007). No sentido etimológico da palavra, interdisciplinaridade significa, de maneira geral, a relação entre as diferentes disciplinas (REGO *et al.*, 2017). Conforme as considerações de Hilton Japiassu e Ivani Catarina Arantes Fazenda, a interdisciplinaridade é compreendida como um meio para alcançar uma aprendizagem efetiva a partir da integração de conteúdos disciplinares relacionados com o objetivo de auxiliar os estudantes na assimilação de conhecimentos complexos que sejam relevantes e significativos para eles (REGO *et al.*, 2017). De acordo com Fazenda (2011), no contexto brasileiro, a conceituação da interdisciplinaridade está associada a uma nova postura diante do conhecimento, que envolve a abertura para compreender aspectos que podem estar ocultos no processo de aprendizagem, bem como os aspectos que se mostram de forma aparente nesse processo. Para a autora, a interdisciplinaridade busca questionar e problematizar tais aspectos, colocando-os em discussão a fim de obter uma compreensão mais abrangente e integrada. Nesse sentido, Fazenda (2011) afirma que

> No Brasil, conceituamos Interdisciplinaridade por uma nova atitude diante da questão do conhecimento, da abertura à compreensão de aspectos ocultos do ato de aprender e dos aparentemente expressos, colocando-os em questão (FAZENDA, 2011, p. 21).

A prática interdisciplinar no Ensino de Ciências

A interdisciplinaridade é de grande relevância para o Ensino de Ciências, uma vez que ela permite uma abordagem mais abrangente e integrada dos conceitos científicos, relacionando-os com outras áreas do conhecimento, tornando-os contextualizados. Esse fator é especialmente importante no Ensino de Ciências da Natureza e suas Tecnologias, que abrange a Biologia, a Física e a Química, áreas que muitas vezes são ensinadas de forma isolada. Portanto, torna-se essencial ultrapassar as barreiras da fragmentação do ensino, objetivando que os educandos tenham uma visão global de mundo (LUCK, 2000 *apud* AVILA *et al.*, 2017).

Ao longo dos anos, a sociedade estabeleceu um conjunto de valores relacionados à sua organização, vestimenta, alimentação, crenças, expressões artísticas e políticas, bem como à forma como esses conhecimentos são transmitidos (AVILA *et al.*, 2017). A escola desempenha o papel de facilitar o acesso dos estudantes ao conhecimento intelectual acumulado ao longo do tempo. No entanto, o ambiente educacional é caracterizado pela organização disciplinar, ou seja, os conhecimentos são divididos e estruturados em diferentes disciplinas presentes no currículo escolar (AVILA *et al.*, 2017). O modelo atual de organização do conhecimento, baseado no fracionamento em áreas altamente específicas, tem sido questionado devido ao crescente volume de informações produzidas, portanto essa abordagem de organização do conhecimento parece ser insuficiente para solucionar problemas complexos (MORIN, 2000, 2006 *apud* AVILA *et al.*, 2017). Ao se desenvolver a prática interdisciplinar, no Ensino de Ciências, é possível proporcionar aos alunos uma visão mais ampla e contextualizada dos fenômenos naturais, permitindo que eles compreendam a complexidade e a interdependência entre os sistemas naturais e humanos. Além disso, a prática interdisciplinar no Ensino de Ciências pode contribuir para o desenvolvimento de competências e habilidades, como, por exemplo, a capacidade de resolver problemas complexos, a criatividade, a comunicação e a colaboração (BRASIL, 2018).

Assim, é importante garantir uma educação abrangente desde a infância com o objetivo de desenvolver nos discentes habilidades que lhes permitam compreender a realidade em toda a sua complexidade e resolver os desafios que dela surgem (AVILA *et al.*, 2017). Os docentes, de uma forma geral, compreendem a prática interdisciplinar como uma prática benéfica no processo de ensino e aprendizagem das Ciências da Natureza (STAMBERG, 2016). No entanto, as reflexões dos docentes a respeito da implementação de práticas pedagógicas inovadoras e interdisciplinares no contexto escolar são frequentemente percebidas como desafios. Essas dificuldades estão intimamente vinculadas a questões históricas associadas às condições de trabalho dos professores, bem como à ausência de uma formação adequada (STAMBERG, 2016).

O Ensino Médio é alvo de constantes discussões, pois, dentre outros motivos, a presença dos recursos científicos e tecnológicos tem gerado necessidades complementares e distintas em relação ao ensino propedêutico tradicionalmente adotado (LAVAQUI; BATISTA, 2007). A complexidade dessas questões vem promovendo debates em torno de uma Educação Científica que prepare os educandos para o exercício da cidadania, remetendo aos docentes uma reflexão em relação à adoção de práticas interdisciplinares no Ensino de Ciências como uma das possibilidades para a melhoria do seu desenvolvimento profissional (LAVAQUI; BATISTA, 2007). Poucas práticas interdisciplinares ocorrem, efetivamente, no Ensino Médio. É nessa etapa que os estudantes fazem a transição de uma disciplina nomeada Ciências, no Ensino Fundamental, para as disciplinas específicas de Biologia, Física e Química, no Ensino Médio. De um momento para outro, "os conteúdos científicos tornam-se estanques, fragmentados e lineares" (LAVAQUI; BATISTA, 2007, p. 417). Uma maneira viável para lidar com a problemática da organização pedagógica do Ensino Médio é a utilização da interdisciplinaridade, pois essa estratégia, integrada à estrutura curricular, possibilita a autonomia para que duas ou mais disciplinas se articulem e se integrem em práticas pedagógicas interdisciplinares, aproximando as Ciências da Natureza e explorando suas especificidades (LAVAQUI; BATISTA, 2007).

Vivemos em uma época em que a compreensão da ciência e da tecnologia é fundamental para a resolução de problemas globais, como a crise climática e a escassez de recursos naturais. No mundo globalizado de informações, no qual estamos inseridos, é crucial a compreensão e entendimento do histórico da vida científica, social e produtiva da civilização atual (REGO *et al.*, 2017). Essa atitude, de compreensão e entendimento do histórico da vida científica, social e produtiva da civilização, representa uma forma mais coerente de participação na cultura científica, que exige de nós uma análise crítica mais apurada das informações que recebemos cotidianamente para podermos transformá-las em conhecimentos eficazes para nossa vida (REGO *et al.*, 2017). Nesse sentido, é importante que os estudantes tenham não só uma formação sólida em Ciências da Natureza, mas também que compreendam a importância da interdisciplinaridade para uma maior criticidade e compreensão das informações recebidas.

A prática interdisciplinar e a formação de professores de Ciências da Natureza

Desenvolver práticas interdisciplinares nas escolas pode ser um desafio complexo e multifacetado, pois as dificuldades surgem em diversos níveis, desde a concepção teórica até a implementação prática. No campo teórico, a interdisciplinaridade envolve a superação das fronteiras disciplinares, a integração de diferentes saberes, a promoção de diálogo entre áreas do conhecimento, dentre outros aspectos. Já no campo da prática, surgem obstáculos como a fragmentação curricular, a falta de tempo, a resistência institucional, a formação dos professores, dentre outros. A interdisciplinaridade, embora institucionalizada como base da educação nacional na atual legislação, sendo encontrada em diversos documentos norteadores da educação brasileira, é pouco estudada na pesquisa em Ensino de Ciências (MOZENA; OSTERMANN, 2014).

São inúmeros os desafios enfrentados na promoção da interdisciplinaridade no contexto escolar e para o ensino das Ciências da Natureza, os quais estão interconectados de várias maneiras. No entanto, é crucial destacarmos dois pontos que consideramos de grande importância para aprofundar o debate: o processo de formação dos professores e a falta de compreensão sobre o que é e como desenvolver efetivamente a interdisciplinaridade no ambiente escolar. O processo de formação dos professores desempenha um papel fundamental na preparação dos docentes para adotar a interdisciplinaridade em suas práticas docentes, fornecendo-lhes as ferramentas teóricas e práticas necessárias.

Ao investigar um grupo de 20 docentes, provenientes de diferentes cursos de licenciatura, como Ciências Biológicas, Geografia, Matemática, Pedagogia e Química, todos matriculados em um programa de pós-graduação na área de Educação em Ciências e Matemática pertencentes a uma instituição de ensino superior privada no estado do Rio Grande do Sul, Avila *et al.* (2017) identificaram os seguintes desafios para o desenvolvimento da prática interdisciplinar no contexto escolar: (i) dificuldades e desafios associados à fragmentação disciplinar; (ii) dificuldades e desafios associados ao diálogo com colegas e gestores; (iii) dificuldades e desafios associados aos problemas de interesse e conhecimento; (iv) falta de preocupação dos professores em construir relação entre os conteúdos das diferentes áreas; (v) falta de relação entre os conteúdos das diferentes áreas do conhecimento; (vi) falta de diálogo entre os professores de diferentes áreas; (vii) falha na intervenção da coordenação pedagógica.

Fazenda (2011), em seu livro *Integração e interdisciplinaridade no Ensino Brasileiro: efetividade ou ideologia*, afirma que a interação "é condição de efetivação da interdisciplinaridade. Pressupõe uma integração de conhecimentos visando novos questionamentos, novas buscas, enfim, a transformação da própria realidade." (FAZENDA, 2011, p. 12, grifos nossos). Pierson e Neves (2001), pesquisando o processo de construção de um trabalho interdisciplinar, concluem que a passagem gradual de um estado de não integração a um estado de intensa integração requer um crescente aumento da quantidade e qualidade das colaborações entre especialistas e que muitas vezes encontram algumas barreiras, como: (i) obstáculos epistemológicos, na forma de resistência apresentada por alguns alunos (licenciandos), mesmo antes de terem clareza das implicações da integração e (ii) as dificuldades de comunicação, geradas pelas diferenças de formação acadêmica que configuram diferentes compreensões de ciência, de ensino, de metodologia, assim como uma linguagem muito específica.

A formação docente no Brasil enfrenta desafios resultantes de disputas político-pedagógicas e sociais que perduraram ao longo das décadas e essas dificuldades se acentuam quando se trata da formação de professores de Ciências Naturais, uma vez que essa área enfrenta escassez de matrículas e a ausência de diretrizes curriculares específicas para a licenciatura (LOPES; ALMEIDA, 2019). Nesse sentido, Lopes e Almeida (2019) analisaram os limites e as possibilidades para a adoção da interdisciplinaridade durante a formação de professores em um curso de Licenciatura em Ciências da Natureza (LCN) da Universidade Federal da Bahia (UFBA). Os autores realizaram entrevistas semiestruturadas com estudantes, professores, coordenadores e um representante institucional ligado à LCN. De acordo esta pesquisa, os entrevistados apontaram diversos limites, como a organização curricular, a desvalorização do curso, a complexidade da interdisciplinaridade, o mercado de trabalho e o conservadorismo institucional. Esses limites resultam em uma conjuntura de questões que vão além de uma simples discussão curricular ou pedagógica, envolvendo os tradicionais discursos relacionados à desvalorização da carreira docente (LOPES; ALMEIDA, 2019).

A prática interdisciplinar e o currículo

Uma das questões centrais em relação à falta de compreensão sobre a interdisciplinaridade no ambiente escolar é a ausência de diretrizes claras na Base Nacional Comum Curricular (BNCC) do Ensino Médio (BRASIL, 2018). Ao abordar a área de Ciências da Natureza e suas Tecnologias, o texto da BNCC não fornece informações explícitas sobre o conceito de interdisciplinaridade ou orientações específicas para desenvolvê-la no contexto escolar. A BNCC se limita a apresentar o seguinte trecho:

> É importante destacar que aprender Ciências da Natureza vai além do aprendizado de seus conteúdos conceituais. Nessa perspectiva, a BNCC da área de Ciências da Natureza e suas Tecnologias – por meio de "um olhar articulado" da Biologia, da Física e da Química – define competências e habilidades que permitem a ampliação e a sistematização das aprendizagens essenciais desenvolvidas no Ensino Fundamental no que se refere: aos conhecimentos conceituais da área; à contextualização social, cultural, ambiental e histórica desses conhecimentos; aos processos e práticas de investigação e às linguagens das Ciências da Natureza (BRASIL, 2018, p. 547, grifos nossos).

Essa lacuna na BNCC cria um desafio adicional para os educadores, que precisam buscar outras fontes de referência e estratégias pedagógicas para incorporar a interdisciplinaridade em suas práticas educacionais. Entendemos que, nesse contexto, seja essencial que a discussão e a promoção da interdisciplinaridade sejam incorporadas nas políticas educacionais e nas diretrizes curriculares a fim de fornecer um apoio mais claro e abrangente aos professores na implementação dessa prática pedagógica. Além disso, a complexidade inerente à interdisciplinaridade exige um esforço conjunto de toda a comunidade escolar para criar espaços de colaboração, promover a interação entre as pessoas, a integração entre os conteúdos e engajar os discentes em práticas educacionais significativas.

Desenvolver uma prática interdisciplinar no contexto escolar vai além de simplesmente reconhecer a importância dessa prática educacional. É necessário compreender a dinâmica escolar em sua totalidade, considerando elementos como o espaço físico, a distribuição do tempo, a organização funcional da escola e outros fatores que influenciam o processo de ensino-aprendizagem. Ao embasar-se em sólidos referenciais teóricos, os educadores podem adotar práticas pautadas em evidências, afastando-se de práticas meramente intuitivas. É crucial buscar práticas interdisciplinares que já tenham sido testadas e analisadas, oferecendo uma maior probabilidade de sucesso. A partir de experiências bem-sucedidas e lições aprendidas, os docentes podem adaptar e implementar estratégias que favoreçam a integração de conhecimentos e o desenvolvimento de habilidades e competências dos discentes. Dessa forma, a prática interdisciplinar no contexto escolar tem uma maior chance de alcançar resultados significativos e promover uma educação mais abrangente e enriquecedora.

Nesse sentido, Lavaqui e Batista (2007) buscaram apresentar e fundamentar algumas elaborações de propostas para a prática de ensino interdisciplinar no Ensino de Ciências e de Matemática no Ensino Médio, considerando as complexidades presentes no conhecimento científico e no cotidiano escolar. Na literatura direcionada à Educação Científica Escolar, existem diversos autores que apresentam propostas para o desenvolvimento da prática interdisciplinar, entre eles encontramos Fourez (2002) com as Ilhas Interdisciplinares de Racionalidade (IIR), Santomé (1998) com as Unidades Didáticas Integradas e a proposta de Batista e Salvi (2006), os quais sugerem que, mesmo preservando a especificidade de cada disciplina escolar, é possível superar a fragmentação desses conteúdos por meio de uma abordagem interdisciplinar (BATISTA; SALVI, 2006; FOUREZ, 2002; SANTOMÉ, 1998). Tal abordagem promoveria uma reconciliação integrativa que auxilia o aluno na interpretação e interação com a sua realidade (BATISTA; SALVI, 2006).

Fourez, Englebert-Lecompte e Mathy (1997 *apud* LAVAQUI; BATISTA, 2007) oferecem uma base teórica para o desenvolvimento de uma abordagem interdisciplinar no Ensino de Ciências e Matemática com o objetivo de promover a Alfabetização Científica e Tecnológica (ACT), que, no sentido atribuído por Fourez (1997, p. 23 *apud* LAVAQUI; BATISTA, 2007), consiste em "divulgar conhecimentos suficientes para a população de maneira que as decisões dos técnicos possam ser suficientemente compreendidas e também controladas democraticamente" (LAVAQUI; BATISTA, 2007, p. 409). A justificativa para o desenvolvimento de práticas interdisciplinares está fundamentada, principalmente, na avaliação da eficácia das disciplinas de Ciências e Matemática, especificamente no que diz respeito à capacidade de envolver os discentes em questões científicas e tecnológicas relevantes (LAVAQUI; BATISTA, 2007). Essas práticas visam preparar os alunos para utilizar o conhecimento científico e tecnológico no contexto do seu cotidiano, abordando questões sociais, individuais e políticas de forma mais significativa (LAVAQUI; BATISTA, 2007). Fourez (2002) apresenta, então, um procedimento metodológico denominado Ilhas Interdisciplinares de Racionalidade (IIR) que

> [...] orienta as atividades no interior de um trabalho interdisciplinar, constituindo-se na construção de um modelo simplificado, considerado adequado, que utiliza conhecimentos provenientes de várias disciplinas e, adicionalmente, dos saberes presentes na vida cotidiana, indispensáveis ante as práticas concretas (FOUREZ, 1997 *apud* LAVAQUI; BATISTA, 2007 p. 409).

Santomé (1998) *apud* Lavaqui e Batista (2007) apresenta uma proposta de prática interdisciplinar como uma ação educativa escolar, que envolve a construção coletiva de unidades didáticas integradas (LAVAQUI; BATISTA, 2007). Nesse modelo de trabalho, um grupo de disciplinas ou áreas do conhecimento se uniria para elaborar uma unidade temática em torno de uma situação problemática específica (LAVAQUI; BATISTA, 2007). Essa abordagem requer a contribuição de diferentes saberes ao longo de um período de tempo relativamente curto (LAVAQUI; BATISTA, 2007). Segundo os autores, essa proposta destina-se a iniciar um processo cujo objetivo maior é a elaboração de um currículo integrado, que objetiva

> [...] abranger os conteúdos de um determinado número de disciplinas ou áreas de conhecimentos durante um período considerável, pelo menos de

> um ano letivo, e deve ser planejado de tal forma que não gere lacunas importantes nos conteúdos a serem assimilados pelos estudantes. (SANTOMÉ, 1998, p. 222).

Batista e Salvi (2006) acreditam que a prática educativa escolar necessita atribuir maior importância epistemológica ao caráter pluralístico contemporâneo (LAVAQUI; BATISTA, 2007). Considerando a manutenção da estrutura disciplinar, as autoras sugerem a inserção de momentos interdisciplinares no trabalho pedagógico como uma maneira de relacionar, articular e integrar os conhecimentos disciplinares no processo de ensino e aprendizagem, buscando assim promover uma Educação Científica na qual os estudantes adquiram competências para interpretar a complexidade do mundo atual (LAVAQUI; BATISTA, 2007). Na visão das autoras, a interdisciplinaridade desenvolvida no ensino não significaria, necessariamente, a elaboração de um currículo interdisciplinar, mas sim a inserção de momentos específicos no "amplo ato de ensinar e aprender", pois, segundo as autoras, a realização de um trabalho interdisciplinar se localizaria no interior de um processo que prevê e mantém a adoção de enfoques disciplinares, articulados coerentemente entre o conhecimento disciplinar e interdisciplinar (BATISTA; SALVI, 2006, p. 155 *apud* LAVAQUI; BATISTA, 2007).

Quanto à organização das práticas interdisciplinares no contexto escolar, Lenoir (1998) propõe uma forma de organizá-la, pois, segundo o autor, "a interdisciplinaridade escolar é, por sua vez, curricular, didática e pedagógica" (LENOIR, 1998, p. 55). A interdisciplinaridade curricular envolve principalmente o estabelecimento de conexões de interdependência, convergência e complementaridade entre as diferentes disciplinas escolares, de modo que o currículo possa ter uma estrutura que facilite o desenvolvimento de práticas interdisciplinares (LAVAQUI; BATISTA, 2007). A interdisciplinaridade didática aborda o planejamento, a organização e a avaliação das intervenções educativas e atua como uma ponte entre a interdisciplinaridade curricular e a interdisciplinaridade pedagógica, buscando articular e integrar os conhecimentos escolares nas situações de aprendizagem (LAVAQUI; BATISTA, 2007). Por fim, a interdisciplinaridade pedagógica se caracteriza pela implementação de um ou mais modelos didáticos interdisciplinares no contexto da sala de aula (LAVAQUI; BATISTA, 2007).

Considerações Finais

A interdisciplinaridade desempenha um papel fundamental no Ensino de Ciências da Natureza, permitindo uma abordagem mais abrangente e significativa do conhecimento científico. Embora a disciplina seja importante para organizar e aprofundar o conhecimento em áreas específicas, a interdisciplinaridade complementa esse aprendizado, permitindo a integração de diferentes perspectivas e conhecimentos. Dessa forma, os discentes podem explorar a interconexão entre as Ciências naturais, a Matemática, a Tecnologia e outras áreas do conhecimento, desenvolvendo uma visão mais abrangente e sistêmica do mundo.

No entanto, desenvolver práticas interdisciplinares no contexto escolar não é uma tarefa fácil. Existem desafios a serem superados, como a fragmentação curricular, a falta de planejamento e tempo, a resistência a mudanças, a falta de clareza nos documentos oficiais e a falta de conhecimento sobre como implementar a interdisciplinaridade de forma eficaz, para assim se distanciar de práticas intuitivas.

Além disso, a desvalorização da carreira docente pode limitar a adoção de abordagens educacionais inovadoras. Para superar esses desafios, é essencial investir em formação docente adequada, fornecendo aos professores ferramentas e recursos para desenvolver práticas interdisciplinares. Portanto, compreendemos que a interdisciplinaridade no Ensino de Ciências da Natureza e suas Tecnologias é fundamental para promover uma educação mais contextualizada, significativa e alinhada com os desafios da sociedade atual.

Referências

ARAÚJO, I. B. O. **Os múltiplos sentidos da interdisciplinaridade**: concepções e práticas docentes nas escolas públicas de ensino médio do Maciço do Baturité. Redenção - CE: Universidade Da Integração Internacional da Lusofonia Afro-brasileira – UNILAB, 30 jan. 2018.

AVILA, L. A. B. *et al.* A interdisciplinaridade na escola: dificuldades e desafios no ensino de ciência e matemática. **Revista Signos**, v. 38, n. 1, 26 jul. 2017.

BATISTA, I. DE L.; SALVI, R. F. Perspectiva pós-moderna e interdisciplinaridade educativa: pensamento complexo e reconciliação integrativa. **Ensaio Pesquisa em Educação em Ciências** (Belo Horizonte), v. 8, p. 171–183, dez. 2006.

BRASIL. **Base Nacional Comum Curricular**. Brasília: Ministério da Educação, 2018.

FAZENDA, I. **Integração e interdisciplinaridade no ensino brasileiro**: efetividade ou ideologia? 6. ed. São Paulo: Loyola, 2011.

FOUREZ, G. **A Construção das Ciências**: As Lógicas das Invenções Científicas. 1. ed. Lisboa: Instituto Piaget, 2002. v. 1.

JAPIASSU, H. **Interdisciplinaridade e patologia do saber**. Rio de Janeiro: Editora Imago, 1976.

LAVAQUI, V.; BATISTA, I. DE L. Interdisciplinaridade em ensino de Ciências e de Matemática no Ensino Médio. **Ciência & Educação** (Bauru), v. 13, p. 399–420, dez. 2007.

LENOIR, Y. Didática e interdisciplinaridade: uma complementariedade necessária e incontornável. Em: **Didática e interdisciplinaridade**. Campinas: Papirus, 1998. p. 45–76.

LOPES, D. S.; ALMEIDA, R. O. DE. Percepções sobre limites e possibilidades para adoração da interdisciplinaridade na formação de professores de ciências. **Investigações em Ensino de Ciências**, v. 24, n. 2, p. 137–162, 28 ago. 2019.

MOZENA, E. R.; OSTERMANN, F. Uma revisão bibliográfica sobre a interdisciplinaridade no ensino das Ciências da Natureza. **Ensaio Pesquisa em Educação em Ciências** (Belo Horizonte), v. 16, p. 185–206, ago. 2014.

NETO, O. I. R. **Interdisciplinaridade escolar**: um caminho possível. Porto Alegre: Universidade Federal do Rio Grande do Sul, 2013.

REGO, E. C. M. DO *et al.* Uma revisão bibliográfica sobre as impressões de professores a respeito da interdisciplinaridade no ensino de ciências. Interdisciplinaridade. **Revista do Grupo de Estudos e Pesquisa em Interdisciplinaridade**, n. 11, p. 39–57, 1 out. 2017.

SANTOMÉ, J. T. **Globalização e interdisciplinaridade**: o currículo integrado. Porto Alegre: Artes Médicas Sul, 1998.

STAMBERG, C. DA S. A interdisciplinaridade e o ensino de ciências na prática de professores do ensino fundamental. **Experiências em Ensino de Ciências**, v. 11, n. 3, p. 128–138, 2016.

CAPÍTULO 9

Cenário Integrador: reconfiguração curricular na Educação em Ciências

Sara Souza Pimenta[1]
Elisa Prestes Massena[2]

Introdução

O Grupo de Pesquisa em Currículo e Formação de Professores em Ensino de Ciências (GPeCFEC)[3], fundamenta suas discussões em três linhas de pesquisa como o próprio nome propõe, quais sejam: a formação de professores, o currículo e a pedagogia universitária (PIMENTA; QUEIROZ; MASSENA, 2021). Em 13 anos de existência do GPeCFEC, esses três ramos de estudo têm se concentrado principalmente no desenvolvimento de propostas curriculares.

Recentemente, entre 2016 e 2020, inicialmente, com base na percepção dos integrantes do grupo e na evidência da análise das pesquisas em que as propostas de reconfiguração curricular foram produzidas e implementadas, concordou-se que as propostas elaboradas no contexto do Sul da Bahia, pelo GPeCFEC, apresentam certas características que em sua natureza as diferenciam de outras. A saber, essas características são: 1) o ambiente de produção das propostas; 2) o contexto das escolas em que as propostas são implementadas;

1 Mestre pelo Programa de Pós-Graduação em Educação em Ciências da Universidade Estadual de Santa Cruz (UESC). Graduada no curso de Licenciatura em Química. Integrante do Grupo de Pesquisa em Currículo e Formação de Professores em Ensino de Ciências (GPeCFEC). E-mail: pimenta.sara@outlook.com

2 Professora Adjunta do Curso de Licenciatura e Química e do Programa de Pós-Graduação em Educação em Ciências e Matemática (PPGECM) da Universidade Estadual de Santa Cruz (UESC), Ilhéus, Bahia. Coordenadora do Grupo de Pesquisa em Currículo e Formação de Professores em Ensino de Ciências. E-mail: elisapmassena@gmail.com

3 Para acessar o site do GPeCFEC: https://gruposdepesquisa.wixsite.com/gpecfec

3) o fator de relevância do tema. A partir disso, acreditamos que o estudo de um tema específico, em um contexto particular, com o envolvimento de personagens da educação e ambientes educacionais, todos juntos, podem constituir um cenário característico em que uma ação de ensino pode ser tomada em direção da aprendizagem de um grupo de aprendizes, o que chamamos de *Cenário Integrador*.

Nesse texto, inicialmente introduzimos brevemente o Cenário Integrador. Após, focamos em três pontos constantemente apontados nas pesquisas do GPeCFEC e que caracterizam as contribuições do Cenário Integrador na relação universidade-escola: as contribuições formativas do Cenário Integrador, a autonomia do professor, e a Interdisciplinaridade na produção das propostas, com um olhar voltado principalmente no que diz respeito às relações entre licenciandos e professores da Educação Básica. Ao final, apontamos alguns limites e refletimos sobre direções para o avanço e consolidação da proposta de reconfiguração curricular Cenário Integrador.

O Cenário Integrador e seus elementos

O Cenário Integrador é uma proposta de reconfiguração curricular que integra conjuntos de elementos que possibilitam o estudo de temas, situações e problemas reais de relevância social (PIMENTA *et al.*, 2020). Os pilares dessa proposta são a esfera de elaboração e a esfera de implementação e tem o estudo do tema como um terceiro pilar central.

O tema é o fator intermediário e transitório entre as esferas de elaboração e esfera de implementação e se caracteriza pela sua relevância social e científica e devem ser problemáticas que extrapolam para outros contextos que não somente da escola, isso é importante para que os atores envolvidos pensem fora da bolha local e possam aprender a partir de outros contextos. A escolha do tema a ser estudado deve surgir do contexto dos estudantes, porém, muitas vezes, os próprios aprendizes sugerem tópicos, no entanto, na maioria das vezes, é o professor da Educação Básica que costuma conduzir essa escolha.

A esfera de elaboração é o ambiente de construção da proposta. Nesse ambiente, embora diversos personagens – os mestrandos, por exemplo – tenham colaborado na construção de propostas de reconfiguração do Cenário Integrador, a inter-relação entre licenciandos, professores da Educação Básica e professores universitários tem caracterizado a comunidade de prática (GUIMARÃES; MASSENA, 2021). Nisso, o espaço de estudo da ação é o ambiente que fomenta e propicia o encontro entre esses indivíduos, tais como os Estágios Supervisionados, o Programa Institucional de Bolsas de Iniciação à Docência (Pibid) e o próprio grupo de pesquisa têm sido os principais meios.

A esfera de implementação é, portanto, o *locus* em que a proposta será de fato implementada. De um ponto de vista macro, podemos dizer que a escola é o primeiro espaço de ação possível, mas os efeitos das propostas de reconfiguração curricular são provavelmente mais específicos de uma disciplina ou turma da escola e que abarca um determinado grupo de estudantes. Também, cursos de formação se apresentam como opção, nesse caso, os professores em exercício e em formação devem ser o público-alvo. Devemos acentuar aqui que os diversos contextos e tópicos de pesquisa em que o GPeCFEC vêm atuando contribuem para que os elementos da proposta do Cenário Integrador estejam alinhados a questões culturais. Alguns exemplos são cursos de formação em escola do campo (VIEIRA *et al.* 2016) e assentamento do Movimento dos Trabalhadores Rurais Sem Terra (SILVA; MASSENA, 2020), implementação do Cenário Integrador em cursos técnicos (PIMENTA; MORENO RODRIGUEZ; MASSENA, 2021) e em Estação do Saber em complexo integrado (GUIMARÃES; PIMENTA; MASSENA, 2020).

Contribuições formativas do Cenário Integrador

Para analisar as contribuições formativas do desenvolvimento das propostas do Cenário Integrador, consultamos as pesquisas recentes do GPeCFEC que tiveram como foco os integrantes da comunidade de prática (licenciando, professor de Educação Básica e professor universitário) (GUIMARÃES; MASSENA, 2021, 2022; DE JESUS; MORENO RODRÍGUEZ; MASSENA, 2022).

De acordo com Silva e Bartelmebs (2013, p. 193),

> Comunidades de Prática são grupos de pessoas que se organizam em torno de interesses comuns, estabelecendo relações de pertencimento que vão se intensificando ao longo do tempo. Sua atuação se dá em torno de objetivos coletivos, compartilhando preocupações, problemas e paixões a partir de

> uma área de conhecimento ou de prática. Aprendem uns com os outros, organizando-se com a participação de todos e orientando e redirecionando suas ações em função dos resultados atingidos.

As pesquisas de Guimarães e Massena (2021; 2022) e De Jesus, Moreno Rodriguez e Massena (2022), ambas no contexto do estágio supervisionado, apontam aspectos em que a comunidade de prática pode contribuir para a formação de licenciandos a partir da produção de uma proposta de Cenário Integrador.

O primeiro aspecto é o trabalho colaborativo entre os integrantes da comunidade. O estágio supervisionado é um dos espaços de estudo da ação que promove o encontro dos integrantes da comunidade de prática. Na fase do estágio supervisionado, o licenciando é preparado e introduzido na prática docente. Professores iniciantes costumam demonstrar dificuldades no planejamento de aulas, escolha adequada de materiais, métodos e ferramentas para as aulas, simplesmente por ainda não ter a vivência em sala de aula. Nesse sentido, o trabalho colaborativo e assistido por professores experientes, tanto da Educação Básica quanto universitária permite que o licenciando desenvolva sua identidade profissional.

No que concerne ao professor da Educação Básica, o trabalho colaborativo na comunidade de prática pode contribuir para sua formação permanente ao passo que esses indivíduos estarão em contato com novas metodologias de sala de aula. Além disso, o trabalho colaborativo pode servir como um suporte para os professores, ou até mesmo dar-lhes a percepção de divisão de tarefas. O professor universitário, por sua vez, estará em constante contato com a realidade da escola, o que pode ser um incentivador para desenvolvimento de ações e pesquisas aplicadas à realidade do contexto educacional.

O segundo aspecto diz respeito às nuances que os licenciandos enfrentam ainda na etapa de escolha dos temas. A definição dos temas é o primeiro passo para que de fato uma proposta possa ser desenvolvida. Os licenciandos costumam entrar em conflito nessa etapa por diversas razões. Por exemplo, quando o tema é uma sugestão externa, sugerido pelos estudantes ou professores, os licenciandos podem achar que não conhecem o tema. Mas, nas ocasiões em que os próprios licenciandos elegem o tema da proposta, é possível que eles se sintam mais confortáveis por terem a sensação de domínio entre a relevância científica e a relevância social do tema. O desejável é que o tema seja resultado de uma pequena pesquisa entre estudantes, integrantes da comunidade de prática e contexto escolar.

Guimarães e Massena (2021; 2022) relatam, por exemplo, a insegurança de quatro licenciandas em estágio supervisionado no desenvolvimento e implementação das propostas. É interessante ressaltar que embora as licenciandas já estivessem estagiando na escola com as mesmas turmas, elas relataram ter receio de falar ou "fazer algo errado" em relação à implementação da proposta na sala de aula. Elas sempre consultavam a professora de Educação Básica e a professora universitária buscando por alguma sugestão e afirmação do trabalho desenvolvido. Podemos inferir que tal insegurança diz respeito ao ato de ter que delinear novos caminhos que não aquele do currículo tradicional, ter que repensar em novas formas de ensinar, e partir do tema e não do conteúdo para elaborar a proposta. Nesse sentido, a reconfiguração curricular deve estar apoiada no trabalho colaborativo na comunidade de prática a fim de que os indivíduos aprendam uns com os outros.

O que podemos inferir é que ao proporcionar uma formação inicial adequada para licenciandos, por exemplo dando a eles a oportunidade de produzir e implementar propostas de Cenário Integrador e promover o trabalho colaborativo entre professores de diferentes níveis de formação, se pode contribuir para o processo formativo mais emancipatório do licenciando.

Autonomia

O desenvolvimento e implementação da proposta de reconfiguração curricular esbarra no fator autonomia do professor. Todo o trabalho desenvolvido na comunidade de prática deve respeitar as sugestões e os limites delineados pelo professor da Educação Básica. Não podemos esquecer que a escola tem seu funcionamento próprio e independente da universidade e pode ou não favorecer seu espaço para integração de pesquisa. Além disso, o professor não trabalha no vazio, ele deve seguir leis e normas educacionais que podem delimitar o tempo em sala de aula e conteúdo a ser ensinado (SACRISTÁN, 1998).

Para Martínez (2012), a autonomia individual se dá quando o professor reconhece que é um ser autônomo como indivíduo, em seu espaço de sala de aula, mas outros deveres podem impedi-los, seja por conta de normas internas da escola ou por normas curriculares, como, por exemplo, os currículos nacionais. No entanto, para que a construção de propostas dentro da comunidade de prática seja possível, a autonomia dos integrantes deve ser construída colaborativamente, "assim, a autonomia não é um atributo que se possui, mas uma prática de relações que se constrói reflexivamente na ação" (MARTÍNEZ, 2012, p. 106).

A partir de um levantamento bibliográfico em anais do Encontro Nacional de Pesquisa em Educação em Ciências, Santana e Massena (2021) apontam que a autonomia está associada à capacidade crítica e reflexiva do professor. Nesse sentido, o professor autônomo, além de poder fazer decisões sobre o currículo implementado, também é consciente de sua prática.

No que tange ao papel da autonomia do licenciando, se pode dizer que este deve ter total autonomia na construção da proposta como um todo. No entanto, durante a implementação da proposta no contexto escolar, o licenciando estará em um papel de estagiário, logo, suas ações em sala de aula deverão estar de acordo com os deveres e as normas da escola, bem como com os valores que o professor preza relacionados a uma boa aula.

Interdisciplinaridade

O uso da interdisciplinaridade nas propostas é relevante não só para o enriquecimento do tema estudado no Cenário Integrador, mas também pode contribuir para que os integrantes da comunidade de prática desenvolvam a habilidade de interpretação e resolução de problemas na sociedade, pois passam a analisar os problemas de forma mais holística (SILVA *et al.*, 2021).

Silva *et al.* (2021) analisaram, desde a perspectiva do Cenário Integrador, os aspectos relacionados à interdisciplinaridade e à escolha de temáticas na construção de propostas curriculares. Os autores discorrem que a escolha adequada de temas é crucial para a efetivação da interdisciplinaridade e que, para isso, temáticas de cunho cultural, social, podem ser desenvolvidas.

Além disso, dois aspectos do tema são analisados. Primeiro, a amplitude do tema, ou seja, quão global e generalizante é a temática escolhida para produzir as propostas. A amplitude do tema não deve ser, portanto, causa de propostas extensas, pois a abordagem de um mesmo tema por longo período pode causar tédio para os estudantes (TORRES SANTOMÉ, 2013). Nesse caso, Silva *et al.* (2021) apontam a importância de criar subtemas para melhor definir o tema estudado.

O segundo aspecto é a pontualidade do tema, que diz respeito a quão contextualizada e conectada à realidade dos indivíduos é a temática em questão (SILVA *et al.*, 2021). Envolver a dimensão local pode despertar o interesse dos estudantes durante as aulas.

Diante disso, considera-se importante que o tema escolhido para a produção do Cenário Integrador tenha conexão local, nacional e global a fim de promover o ensino interdisciplinar e de relevância social relacionado à realidade dos estudantes, promovendo assim sua atuação sobre os problemas da comunidade local e fazê-los conscientes de similares condições em outras realidades em nível nacional e global.

Devemos ressaltar que, ao considerar a interdisciplinaridade dentro de uma disciplina, esta não deve ser considerada mais importante que as outras, pelo contrário, as disciplinas são codependentes (TORRES SANTOMÉ, 2013). No geral, as propostas planejadas e implementadas se utilizam da interdisciplinaridade, trabalhando conteúdo das áreas de Ciências (Química, Física e Biologia), Matemática e Humanidades (História, Geografia).

Silva *et al.* (2021) e Silva e Massena (2023) discutem que algumas dificuldades podem surgir ao desenvolver a interdisciplinaridade. Em nossas experiências, os licenciandos, em suas propostas, conseguem localizar os conteúdos em diferentes disciplinas. Mas, devido ao fato destes estarem majoritariamente na formação inicial em Química, e as propostas serem principalmente implementadas na disciplina de Química ou área de Ciências, ocorre que durante a construção da proposta e na etapa de seleção dos conteúdos há uma tendência em que o conteúdo selecionado esteja centrado na disciplina de Química. Essa tendência é compreensível ao passo que as competências e saberes que os licenciandos adquirem durante a formação inicial é baseada no exercício específico de sua futura profissão (PIMENTA *et al.*, 2020; SILVA; MASSENA, 2023).

Além disso, essa seleção também depende da lista de conteúdos que o professor da Educação Básica pretende ensinar. Ainda assim, ao considerar o tema como ponto de partida, se abre caminho para que a interdisciplinaridade seja trabalhada.

Nesse sentido, o trabalho colaborativo se faz necessário para que a intercomunicação entre conteúdos, disciplinas ou áreas seja desenvolvida e o envolvimento de integrantes na comunidade de prática, com diferentes níveis de formação e especialidade, possa proporcionar melhor integração e desenvolvimento da interdisciplinaridade.

Limites e desafios na produção e implementação dos Cenários Integradores

Neste texto, demonstramos como o Cenário Integrador tem contribuído para a formação inicial e permanente de professores na escola. E podemos inferir que o trabalho colaborativo dentro da comunidade de prática é um fator primordial que interconecta e fomenta a formação inicial e permanente no desenvolvimento da autonomia e no uso da interdisciplinaridade. No entanto, a produção de propostas do Cenário Integrador também apresenta alguns limites.

É importante envolver cada vez mais integrantes de diferentes formações na comunidade de prática, principalmente professores de diferentes disciplinas, a fim de melhor fomentar o uso da interdisciplinaridade, além de fortalecer as ações do GPeCFEC por meio do Cenário Integrador na escola e construir a autonomia e do grupo através da negociação da seleção de temas, conteúdos e ferramentas necessárias para a produção e implementação da proposta.

As propostas têm sido principalmente implementadas por licenciandos. Apesar dos benefícios que os licenciandos podem ter nessa experiência, é ainda importante que os professores da Educação Básica possam estar envolvidos não só no processo de construção, mas também de implementação das propostas de Cenário Integrador.

Para o avanço da pesquisa de reconfiguração em currículos por meio do Cenário Integrador, outras perguntas de pesquisa devem ainda ser feitas, por exemplo, "Como os estudantes aprendem no Cenário Integrador, quais são as evidências de aprendizado demonstrados por eles?", "O que os professores e estudantes pensam sobre propostas baseadas em contexto, por exemplo, o Cenário Integrador?", "Como motivar professores da Educação Básica a produzir suas próprias propostas curriculares?", "Qual o papel do conteúdo nos temas de relevância social no Cenário Integrador". Esperamos que a busca por essas respostas possa consolidar a proposta Cenário Integrador em seus aspectos funcionais na formação dos professores e na escola.

Referências

DE JESUS, J. S.; MORENO RODRIGUEZ, A. S.; MASSENA, E. P. Estágio com pesquisa por meio do Cenário Integrador: contribuições formativas. **Indagatio Didactica,** v. 14, n. 2, dez. 2022. Disponível em: https://doi.org/10.34624/id.v14i2.27472. Acesso em: 18 jun. 2023.

GUIMARÃES, T. S.; MASSENA, E. P. Cenário Integrador: Uma Experiência Colaborativa no Estágio Supervisionado na Interface Universidade-Escola. Formação Docente – **Revista Brasileira de Pesquisa sobre Formação de Professores**, v. 14, n. 30, p. 123-135, 29 Aug. 2022. Disponível em: https://doi.org/10.31639/rbpfp.v14i30.589. Acesso em: 18 jun. 2023.

GUIMARÃES, T. S.; MASSENA, E. P. Construção de cenários integradores em uma comunidade de prática no contexto do estágio supervisionado em Química. **Ciência & Educação (Bauru),** v. 27, 2021.

GUIMARÃES, T. S.; PIMENTA, S. S.; MASSENA, E. P. Cacau: Articulação entre Ensino de Química e Literatura Regional na Produção de um Cenário Integrador. **Revista da Sociedade Brasileira de Ensino de Química**, v. 1, n. 1, p. e012005, 31 Dec. 2020. Disponível em: https://doi.org/10.56117/resbenq.2020.v1.e012005. Acesso em: 18 jun. 2023.

MARTÍNEZ, L. F. P. **Questões sociocientíficas na prática docente**: Ideologia, autonomia e formação de professores [online]. São Paulo: Editora UNESP, 360 p. 2012

PIMENTA, S. *et al.* Cenário Integrador: A Emergência de uma Proposta de Reconfiguração Curricular. **Revista Brasileira de Pesquisa em Educação em Ciências**, [*S. l.*], v. 20, n. u, p. 1031–1061, 2020. Disponível em: https://doi.org/10.28976/1984-2686rbpec2020u10311061. Acesso em: 18 jun. 2023.

PIMENTA, S. S.; MORENO RODRIGUEZ, A. S.; MASSENA, E. P. Reconfigurando o currículo e discutindo questões étnico-raciais em um curso técnico. **Góndola, enseñanza y aprendizaje de las ciencias**, v. 16, n. 1, 2021. Disponível em: https://doi.org/10.14483/23464712.15810. Acesso em: 18 jun. 2023.

PIMENTA, S. S.; QUEIROZ, I. R. L.; MASSENA, E. P. Grupo de Pesquisa em Currículo e Formação de Professores em Ensino de Ciências (GPeCFEC): Memórias e trajetórias. *In*: WARTHA, E. J.; ALMEIDA, J. J. P. (org.) **Educação Matemática e Ensino de Ciências**: Trajetórias e desdobramentos de grupos de pesquisa da região Nordeste. Campina Grande: EDUEPB, 2021. p. 275-298.

SACRISTÁN, J. G. O currículo: os conteúdos do ensino ou uma análise prática?. *In*: SACRISTÁN, J. G.; PÉREZ-GOMEZ, A. I. **Compreender e transformar o ensino**. 4. ed. Tradução de: Ernani F. da Fonseca Rosa. Porto Alegre: Artmed, 1998.

SANTANA, K. S.; MASSENA, E. P. Autonomia docente: o que dizem os trabalhos publicados nas Atas do ENPEC. *In*: ENCONTRO NACIONAL DE PESQUISA EM EDUCAÇÃO EM CIÊNCIAS, 13., 2021, Online. **Anais** [...] Belo Horizonte: ABRAPEC, 2021, p. 1 – 12.,

SILVA, F. N. S.; MASSENA, E. P. Formação Continuada de professores do MST: uma releitura teórica da Situação de Estudo a partir de Henry A. Giroux. **Revista Brasileira de Educação do Campo**, *[S. l.]*, v. 5, p. e8904, 2020. DOI: 10.20873/uft.rbec.e8904. Disponível em: https://sistemas.uft.edu.br/periodicos/index.php/campo/article/view/8904. Acesso em: 18 jun. 2023.

SILVA, J. A.; BARTELMEBS, R. C. A comunidade de prática como possibilidade de inovações na pesquisa em ensino de ciências nos anos iniciais. **Acta Scientiae**, Canoas, v. 15, n. 1, p. 191-208, 2013.

SILVA, N. A.; MASSENA, E. P. **A Interdisciplinaridade na Formação Inicial de Professores**: uma abordagem a partir de uma proposta curricular no contexto do Sul da Bahia. 2023. [No prelo].

SILVA, N. A.; PIMENTA, S. S.; MORENO RODRIGUEZ, A. S.; MASSENA, E. P. Cenário Integrador: a escolha de temas para a reconfiguração curricular no Ensino de Ciências. *In*. BRANCHER, V. R.; DREHMER-MARQUES, K. C.; NONENMACHER, S. E. B. (org.). **Práticas e metodologias no ensino de ciências.** Santo Ângelo: Editora Metrics, 2021. p. 55–79.

TORRES SANTOMÉ, J. Trabalho Cooperativo e Coordenado. **Revista Pátio: Ensino Médio, Profissional e Tecnológico**, n. 16, p. 18- 21, 2013.

VIEIRA *et al.* A formação continuada de professores de escolas do campo: vivenciando atividades adaptadas da Situação de Estudo no ensino de Ciências. *In*: ENCONTRO NACIONAL DE ENSINO DE QUÍMICA, 18., 2016, Florianópolis. **Anais** [...]. Florianópolis: UFSC, 2016.

CAPÍTULO 10

A Realba como possibilidade de consolidação da Pesquisa sobre Abordagem Temática Freireana na Educação em Ciências

Simoni Tormohlen Gehlen[1]
Ana Paula Solino[2]
Polliane Santos de Sousa[3]

Introdução

ALGUNS ESTUDOS na área de Educação em Ciências, que visam discutir problemáticas sociais a partir de demandas locais de determinadas comunidades, vêm sendo desenvolvidos com o propósito de fomentar uma educação científica crítica e humanizadora. Em sua maioria, essas pesquisas são amparadas pela perspectiva de Paulo Freire, a exemplo de Solino *et al.* (2021), Souza (2023), Magalhães (2022), Demartini e Silva (2021), Stoeberl e Brick (2021), Muenchen *et al.* (2023) e Gehlen *et al.* (2021), e têm discutido aspectos que envolvem a programação curricular nos diversos níveis de ensino da Educação Básica, assim como em alguns cursos de licenciatura.

---

1 1 Licenciada em Física (UFSM). Mestra em Educação em Ciências (UNIJUÍ). Doutora em Educação Científica e Tecnológica (UFSC) e professora do Departamento de Ciências Naturais e Exatas da Universidade Estadual de Santa Cruz (UESC). Líder do Grupo de Estudos/Pesquisa sobre Abordagem Temática no Ensino de Ciências (GEATEC) e membro do Grupo de Estudos/Pesquisa sobre Abordagem Freireana em Ambientes Escolares (GEAFAE). E-mail: stgehlen@uesc.br

2 Licenciada em Pedagogia (UESC). Mestra em Ensino de Ciências e Matemática (UESB). Doutora em Educação (USP) e professora da UFAL do curso de Pedagogia – Campus Sertão. Líder do GEAFAE e membro do GEATEC. E-mail: ana.solino@delmiro.ufal.br

3 Licenciada em Física (UESC). Mestra em Educação em Ciências (UESC). Doutora em Educação Científica e Tecnológica (UFSC) e professora do Centro de Formação de Professores da Universidade Federal do Recôncavo Bahia (CFP/UFRB). Membro do GEATEC. E-mail: polliane.sousa@ufrb.edu.br

Para isso, os estudos têm se debruçado, em especial, sobre a Abordagem Temática Freireana (ATF), cujo objetivo é a reestruturação de currículos escolares tendo como ponto de partida temas relacionados com contradições sociais e existenciais vivenciadas pela comunidade local e escolar (DELIZOICOV; ANGOTTI; PERNAMBUCO, 2011).

Essa perspectiva curricular tem sido foco de algumas pesquisas na área de Educação em Ciências e tem contribuído para a disseminação e consolidação de diversos grupos de pesquisa no Brasil (MAGOGA; MUENCHEN, 2021). Por exemplo, ao longo de uma década, o Grupo de Estudos/Pesquisa sobre Abordagem Temática no Ensino de Ciências (GEATEC), vinculado à Universidade Estadual de Santa Cruz (UESC), situado na região da Costa do Cacau, Sul da Bahia, tem se preocupado em desenvolver estudos pautados na ATF, o que possibilitou a formação de novos pesquisadores e, consequentemente, a disseminação dessa perspectiva em algumas localidades da região Nordeste por meio de parcerias interinstitucionais. Essas parcerias estabelecidas, a partir de trabalhos conjuntos/colaborativos entre diferentes grupos de pesquisa, fomentaram a necessidade da criação de uma rede denominada de Rede de Pesquisa sobre a Abordagem Temática Freireana no Ensino de Ciências em Alagoas e Bahia (Realba), que foi consolidada no ano de 2021.

A Realba se apresenta enquanto possibilidade de produção e disseminação de novos conhecimentos e experiências sobre a ATF em diferentes localidades no nordeste brasileiro, sem perder de vista o diálogo e as demandas apresentadas pelo povo nordestino. A exemplo disso, há diferentes pesquisas já realizadas, fruto de parcerias interinstitucionais entre a Universidade Estadual de Santa Cruz (UESC – Ilhéus/BA), a Universidade Federal do Recôncavo da Bahia (Campus de Amargosa-BA) e a Universidade Federal de Alagoas (Campus Sertão), tais como Solino *et al.* (2021), Reis (2023) e Souza (2023).

Tendo como base a sugestão de Delizoicov (2004) quanto à importância de uma maior sintonia dos problemas investigados com as situações envolvidas nas escolas, há necessidade de "uma maior aproximação dos problemas investigados pelo Ensino de Ciências com aqueles enfrentados pelo Ensino de Ciências" (DELIZOICOV, 2004, p. 145). Assim, compreende-se que é preciso que a pesquisa potencialize a prática pedagógica dos professores, e, além disso, que a sala de aula possa fornecer questões de investigação para o desenvolvimento da pesquisa. É pensando nisso que a Realba também visa estimular a relação entre universidade, escola e comunidade local, pois contribui para o estreitamento entre a pesquisa na área de Educação em Ciências e a sala de aula nas escolas de Educação Básica da rede pública.

Portanto, o objetivo deste capítulo é compartilhar algumas experiências de pesquisas sobre a ATF realizadas no contexto da Realba, em especial no Alto do Sertão Alagoano e no interior da Bahia. Além disso, objetiva-se apresentar perspectivas futuras para o desenvolvimento de novos projetos, cujas parcerias vão além das fronteiras do Nordeste brasileiro.

Abordagem Temática Freireana na Realba: um possível caminho para a práxis

Desde a década de 1970, no Brasil, as ideias de Paulo Freire são discutidas em grupos de pesquisa em Educação em Ciências, em que os desafios priorizados e enfrentados envolvem:

> (i) implementar práticas em sintonia com o ideário freireano no âmbito da educação escolar na EC; (ii) articular abordagem temática e conceitos científicos; (iii) implementar a dialogicidade e a problematização como práticas docente; e (iv) incluir o ideário e práticas freireanas na formação de professores. (DELIZOICOV; GEHLEN; IBRAIM, 2021, p. 2).

Para tentar superar esses desafios, várias pesquisas têm se concentrado em reinterpretar o processo de Investigação Temática (IT) para a obtenção de Temas Geradores e a sua utilização na programação curricular para a Educação Básica. A ideia é que esses currículos possam ser estruturados a partir de situações-limites[4] e/ou demandas sociais/locais da comunidade escolar (PERNAMBUCO; PAIVA, 2013; MUENCHEN *et al.*, 2023; GEHLEN *et al.*, 2021).

A ATF tem sido a base para a construção de programas escolares em diversos estudos. Nessa perspectiva, o processo de obtenção de Temas Geradores pode ser dividido em cinco etapas, conforme sintetizado por Delizoicov,

---

4 Contradições sociais vivenciadas pela comunidade escolar, situações limitantes com que a comunidade convive e sobre as quais não possui uma compreensão crítica, não percebe a possibilidade de mudança (FREIRE, 1987).

Angotti e Pernambuco (2011): i) Levantamento Preliminar: na qual são obtidas informações sobre as condições de vida da comunidade escolar por meio de pesquisa em fontes secundárias e conversas informais com a comunidade local; ii) Análise das situações e escolha das codificações: que envolve a análise das informações obtidas na etapa anterior, a partir da qual são selecionadas e codificadas situações que representam contradições sociais vivenciadas; iii) Diálogos descodificadores: etapa em que há a discussão das codificações elaboradas com representantes da comunidade e a obtenção do Tema Gerador; iv) Redução temática: etapa que envolve a elaboração do programa escolar, a partir dos resultados das etapas anteriores, em que os Três Momentos Pedagógicos (3MP) (DELIZOICOV; ANGOTTI; PERNAMBUCO, 2011) são utilizados para o planejamento das atividades de sala de aula; v) Trabalho em sala de aula: na qual há o desenvolvimento das atividades didático-pedagógicas planejadas.

Tendo como referência as sistematizações da ATF, a Realba tem desenvolvido atividades de formação inicial e permanente de professores, orientadas pelas etapas da IT. Tais atividades consistem em processos formativos guiados por aproximações sucessivas e analíticas das condições de vida dos sujeitos, orientadas pelo "re-ad-mirar do mundo" (FREIRE, 1983), o que favorece a construção do conhecimento em mão dupla.

A Realba tem atuado no sentido de possibilitar um trabalho orgânico com as comunidades local e escolar mediante uma relação dialética entre os pares, entre comunidade escolar e grupo de pesquisa. Como consequência, as ações do grupo têm permitido a contextualização da ATF, agregando novos elementos às etapas da IT no sentido de explorar o seu potencial formativo.

Do ponto de vista teórico-metodológico, trabalhos anteriores (GEHLEN; SOUSA; MILLI, 2019; GEHLEN *et al.*, 2021) relatam o surgimento de novas sistematizações no processo de Investigação Temática, possibilitadas por um modo de agir recursivo, que tem as cinco etapas da ATF como espinha dorsal, mas que, em diálogo com o contexto local e escolar, vai sendo ressignificado. Como exemplo, pode-se mencionar: i) a articulação teórico-prática entre as etapas da Investigação Temática da ATF e da Práxis Organizativa Curricular via Tema Gerador (SILVA, 2004), realizada no estudo de Sousa *et al.* (2014), no qual as etapas da IT foram metabolizadas quando desenvolvidas no contexto de um processo formativo de professores; ii) a articulação teórico-metodológica entre a Análise Textual Discursiva (MORAES; GALIAZZI, 2011) e a ATF, apresentada por Milli, Solino e Gehlen (2018), resultando em um novo olhar sobre a primeira etapa da IT; iii) a proposição de um Instrumento Dialético-Axiológico para auxiliar na identificação e análise das contradições sociais envolvidas no Tema Gerador, apresentada por Santos (2020); iv) o uso da Rede Temática (SILVA, 2004) como instrumento para auxiliar na construção do Projeto Político-Pedagógico de uma escola, realizado por Lima (2019); v) a proposição do Ciclo Temático (MILLI; ALMEIDA; GEHLEN, 2018) e do Quadro Temático (MAGALHÃES, 2022) como mecanismos para operacionalizar a Redução Temática e manter o diálogo entre comunidade local e escolar e vi) o papel da Rede Temática na seleção de Tecnologias Sociais para serem desenvolvidas na comunidade local e escolar (ARCHANJO, 2019).

Quanto ao potencial formativo da IT, trabalhos como o de Silva (2015) e Fonseca (2017) sinalizam para o desvelamento da realidade local proporcionada pela IT, que promove o distanciamento dos sujeitos do seu próprio *locus* de atuação. Em tais trabalhos, membros do grupo de pesquisa, que também faziam parte da comunidade local, conseguiram despertar um novo olhar sobre suas próprias comunidades, identificando situações-problema antes não percebidas.

Da mesma maneira, os professores da educação básica envolvidos tanto se aproximaram da realidade da comunidade local quanto se viram enquanto partícipes no processo de construção curricular. Ademais, ao envolver estudantes de cursos de licenciatura em tais processos, as ações da Realba têm contribuído para a formação inicial de professores preocupados em articular sua prática pedagógica com as condições materiais de vida dos seus estudantes e em desenvolver processos educativos pautados na participação crítica e ativa dos estudantes por meio do diálogo e da problematização.

Para melhor compreender como tais sistematizações são utilizadas no contexto da formação permanente de professores, a seguir serão apresentados alguns processos formativos desenvolvidos em Alagoas e na Bahia.

A perspectiva freireana no Alto Sertão Alagoano e na Bahia: alguns exemplares

No contexto da Realba, são realizados diversos processos formativos com professores da rede pública de ensino, bem como algumas iniciativas no Ensino Superior. Nos próximos itens, serão apresentados alguns desses exemplares desenvolvidos em uma escola municipal de Delmiro Gouveia, em Alagoas, e na Rede de Ensino Municipal de Cairu, na Bahia.

Na escola municipal de Delmiro Gouveia em Alagoas

Durante o período da pandemia, entre os meses de setembro e dezembro de 2021, foi realizado um processo formativo remoto com professores da Educação Infantil e dos Anos Iniciais do Ensino Fundamental de uma escola municipal do campo da cidade de Delmiro Gouveia/AL. As atividades de formação foram desenvolvidas por integrantes da Realba, em especial do GEATEC/UESC e do Grupo de Estudos/Pesquisa sobre Abordagem Freireana em Ambientes Escolares (GEAFAE/UFAL), com objetivo de desenvolver a Investigação Temática e obter Temas Geradores para contribuir na estruturação de atividades didático-pedagógicas, tendo como ponto de partida a realidade da comunidade escolar, a qual está situada no Alto Sertão Alagoano, nas proximidades do Rio São Francisco. A dinâmica do processo formativo seguiu as seguintes etapas da Investigação Temática: Levantamento de situações problemáticas, análise e definição do Tema Gerador, e planejamento das atividades pedagógicas com base nos 3MP.

Destaca-se que neste processo houve a presença de moradores, lideranças da comunidade e representantes do MST (Movimentos dos Trabalhadores Rurais Sem Terra) que contribuíram para legitimar algumas situações-limite, como: visão acrítica dos moradores sobre as causas e possíveis soluções para o problema da falta de acesso à água e a contradição social vivida pelos moradores do campo, qual seja, ao mesmo tempo em que as políticas públicas investem no turismo, a população continua com o déficit hídrico e com dificuldades para conseguir trabalho. Essas situações foram sistematizadas no Tema Gerador: "Terra sem água não produz: a água do rio São Francisco tão perto e ao mesmo tempo tão distante", a partir do qual organizou-se uma programação curricular para o desenvolvimento de conteúdos, conhecimentos e ações para crianças da Educação Infantil e dos Anos Iniciais do Ensino Fundamental.

Essas atividades foram analisadas e compõem três pesquisas de mestrado, sendo duas concluídas no primeiro semestre de 2023 e uma em fase de término. A pesquisa de Reis (2023), por exemplo, buscou investigar a partir do processo formativo realizado na escola municipal da cidade de Delmiro Gouveia – AL como as Palavras Geradoras poderiam ser extraídas para serem trabalhadas com crianças do campo em fase de alfabetização. Por Palavra Geradora, compreende-se aquela que faz parte do universo vocabular dos educandos e que emerge de uma investigação minuciosa sobre a realidade concreta dos sujeitos (FREIRE, 1987).

No estudo desenvolvido por Reis (2023), essas Palavras Geradoras foram identificadas por meio do processo de Investigação Temática, no qual, simultaneamente à seleção e legitimação dos Temas Geradores, as Palavras Geradoras também foram selecionadas e legitimadas. No Quadro 1, seguem alguns exemplos de Palavras Geradoras que foram identificadas a partir de falas significativas[5] de professores da escola do campo, moradores do assentamento e lideranças do MST, que participaram do processo formativo.

Quadro 1: Palavras Geradoras obtidas por meio da Investigação Temática

Falas Significativas da Comunidade	Palavras Geradoras
"[...] no momento, as cisternas estão vazias, porque tem mais de mês que estamos sem água. [...] agora, algumas cisternas da nossa comunidade estão sendo abastecidas por pipa" (P1- grifo nosso).	Comunidade
"Falta de políticas públicas para ajudar na questão da agricultura, um exemplo: se tivesse água irrigada no assentamento conseguiria desenvolver muito trabalho para as pessoas não ter que sair e as pessoas permanecer no campo, mas infelizmente não se tem isso e não se tem perspectiva" (P1- grifo nosso).	Agricultura Trabalho Campo
"Nós temos muitas famílias assentadas que nem aqui, tanto em Delmiro Gouveia como Olho d'água do Casado. São comunidades bem próximas ao *rio* São *Francisco, que infelizmente ainda depende de cisternas, né!? É. não tem nenhum programa de irrigação essas coisas... e assim eu acho que as políticas públicas aqui em Alagoas é... em desvantagens com relação ao estado de Sergipe (P2 -grifo nosso).*	Francisco Assentadas Rio Cisternas Irrigação Rio

5 Segundo Silva (2004), as falas significativas podem ser compreendidas como falas dos diferentes segmentos escolares que denunciam algum conflito ou contradição vivenciado pela comunidade local e que expressam alguma concepção, representação do real.

"As pessoas têm que fica esperando o carro pipa, porque é muito mais fácil dá o carro pipa, que as pessoas vão dever o resto da vida delas um favor a um vereador, pra poder naquela eleição o vereador não perder a *política, então, é isso. Pode ver que quando o candidato ganha, ele já compra carro pipa. Isso aqui é bem de praxe, porque quando manda o carro de água, a família vai ficar devendo aquele favor pra aquela pessoa pra o resto da vida... Isso existe essa contradição, inclusive só pra senhora ver um exemplo do povoado Genivaldo Moura, ali em cima a água passa na frente, na porta do povo, e o povo muita das vezes não se tinha a rede, era proibido de pegar a água [...] nós estamos dentro, praticamente do rio São* Francisco e mesmo assim as pessoas não têm água". (M6- grifo nosso).	Vida Política Família Povoado Povo Carro Pipa Vereador Rede Eleição Candidato
"*[...] ficou mais difícil a questão da taxa do lixo né!?por que já tem muitas queimadas e agora nem todo mundo tem condições de pagar essa taxa de lixo* né!?" *(P1- grifo nosso).*	Lixo

Fonte: Adaptado de Reis (2023, p. 61).

A partir desse estudo, Reis (2023) argumenta a potencialidade do processo de IT como instrumento para obter não apenas Temas Geradores, mas também Palavras Geradoras. Portanto, o trabalho conjunto entre esses processos propostos por Freire pode auxiliar tanto na ressignificação do currículo de Ciências quanto na reformulação de propostas de ensino de alfabetização para crianças do campo. Isso vai além da decodificação de palavras isoladas e sem sentido, caminhando em direção a uma alfabetização crítica e emancipatória, que permite uma leitura de mundo com sentido e significado para os educandos.

Ainda com base no mesmo processo formativo, o estudo realizado por Souza (2023) analisou limites e possibilidades da elaboração de atividades brincantes para crianças da educação infantil a partir do Tema Gerador "Terra sem água não produz: a água do rio São Francisco tão perto e ao mesmo tempo tão distante". A elaboração das atividades ocorreu durante os encontros com as educadoras, resultando em um Caderno contendo dez atividades de natureza lúdica, as quais foram estruturadas a partir dos 3MP, seguindo os seguintes eixos: 1. Conhecendo o meu lugar; 2. Rio São Francisco e a comunidade Jurema; 3. A formação da chuva; 4. A água no nosso cotidiano; 5. O solo; 6. Práticas de plantio; 7. A água e o cultivo de alimentos no campo; 8. Insetos na plantação; 9. Alimentação saudável do campo; 10. Conhecendo a história da nossa região.

Cada eixo, organizado por meio do Tema Gerador e sua sequência de ações planejadas, está detalhado em um quadro que contém: o Tema Gerador; Desenho das crianças; Falas significativas das crianças, das professoras e dos moradores locais; A situação-limite; A unidade temática; O conteúdo; O Campo de Experiência da BNCC; A Problematização Inicial; A Organização do Conhecimento e a Aplicação do Conhecimento; como pode ser observado no exemplo do Quadro 2.

Souza (2023) defende que, para a Educação Infantil do Campo, a elaboração de atividades centradas em brincadeiras que potencializam a liberdade da criança adquire ainda mais significado ao estimular, desde a primeira infância, o pensamento crítico e problematizador acerca dos tipos de opressão vivenciados e superados por meninos e meninas, jovens e adultos assentados que ainda são "esquecidos", "silenciados" e "pouco assistidos" pelos governantes, a exemplo dos problemas identificados na comunidade investigada, tais como, o acesso desigual ao recurso natural "água", desemprego, desinformação, ausência de políticas públicas, ausência de atenção primária à Saúde e à Educação – espaço com infraestrutura precária, entre outros. Assim, "a brincadeira e as interações, de modo especial, são os artifícios pedagógicos libertadores que contribuem para oportunizar o estabelecimento de uma Pedagogia Freireana das Infâncias" (SOUZA, 2023, p. 143). Isto é, uma pedagogia que permite que as crianças vivenciem suas infâncias com liberdade, alegria, plenitude, ousadia, zelo e liberdade, como um processo permanente de descoberta do mundo e de si mesmas.

Quadro 2: Planejamento didático-pedagógico

TEMA GERADOR
Terra sem água não produz: a água do rio São Francisco tão perto e ao mesmo tempo tão distante
DESENHO DA CRIANÇA

FALAS DAS CRIANÇAS
(Com a água) *"[...] as plantas fica com mais vida."* (O que eu mais gosto de fazer) *"[...] é brincar e buscar os cavalos."* (Como ajuda os adultos) *"[...] ajudando a cuidar das coisas da roça e na casa."* (Como ajuda os adultos) *"[...] eu planto milho".* (Como ajuda os adultos) *"[...] encho as garrafas de água, limpo o terreiro e planto feijão."*
FALA DA PROFESSORA
"[...] no momento as cisternas estão vazias, porque tem mais de mês que estamos sem água. [...] agora algumas cisternas da nossa comunidade estão sendo abastecidas por pipa."
FALA DO MORADOR
"Eu acho aqui um lugar bom. Agora, se não fosse esse negócio de falta d'água direto, que agora por enquanto agora nós tamo dependendo de um pipa, né? Porque bagunçaram a nossa água, né? Tamo dependendo de um pipa. Mas, senão fosse isso, as coisa era melhor, né?.

SITUAÇÃO-LIMITE
Visão limitada e determinística dos moradores sobre as causas e possíveis soluções para o problema da falta de água na localidade. Que evidencia também a contradição social vivenciada pelo povo do campo, ausência de liberdade e submissão aos representantes do poder público e aos latifundiários – Água como moeda de troca.
UNIDADE
Os saberes tradicionais na minha escola
CONTEÚDO
Alimentação saudável do campo
CAMPO DE EXPERIÊNCIA/ BNCC
Escuta, fala, pensamento e imaginação Corpo, gestos e movimentos Traços, sons, cores e formas
PROBLEMATIZAÇÃO SOCIAL
Quais os tipos de alimentos que entram em nossas casas? De onde vem esses alimentos?
ORGANIZAÇÃO DO CONHECIMENTO
Dialogar, relembrando, a produção dos alimentos na própria comunidade – os alimentos orgânicos produzidos sem uso de agrotóxicos sintéticos, transgênicos ou fertilizantes químicos; e aqueles produzidos com uso de defensivos agrícolas. Para contextualização, apresentação da história "A Cesta da Dona Maricota" de Tatiana Belinky, usando uma cesta com frutas, verduras e legumes de forma lúdica. Com roda de conversa, e confecção de cartaz – as frutas e legumes/ verduras preferidas das crianças da turma. Sistematização em atividade de aprendizagem.

Fonte: Souza (2023, p. 179-180).

Na Rede Municipal de Cairu na Bahia

Dentre os processos formativos realizados no contexto da Realba, destaca-se o conduzido pelo GEATEC/UESC em parceria com a Secretaria Municipal de Educação de Cairu[6], situada na região da Costa do Dendê, no Estado da Bahia. Essa colaboração com a rede municipal de Cairu deu-se no ano de 2021, por meio da professora Lina Magalhães, que era coordenadora pedagógica, sendo esse processo formativo o *locus* de sua pesquisa de mestrado (MAGALHÃES, 2022). A professora Lina, inquieta com o processo de elaboração dos Projetos Políticos-Pedagógicos (PPPs) das escolas do município de Cairu, que nem sempre refletiam a realidade das instituições de ensino, propôs

6 Cairu é um município brasileiro inteiramente localizado dentro de um arquipélago, abrangendo diversas ilhas paradisíacas, que incluem destinos turísticos conhecidos, como Morro de São Paulo e Boipeba.

ao GEATEC/UESC uma colaboração com docentes e técnicos da Secretaria de Educação de Cairu.

Essa parceria se deu por meio de um processo formativo intitulado "Cairu/ BA: Entre Galhos e Raízes", realizado no período de outubro a novembro de 2021 de forma remota, compreendendo 44 horas. O propósitosdeste processo de formação foi a elaboração de um documento orientador para auxiliar os municípios na elaboração dos PPPs de suas escolas, baseado na Investigação Temática. A descrição e análise desse processo formativo estão detalhadas na dissertação da professora Lina (MAGALHÃES, 2022) e, aqui, é apresentada uma síntese de seus resultados. Dentre eles, está a identificação e legitimação de situações-limite presentes na visão da comunidade de Cairu, a exemplo do paradoxo entre os benefícios do turismo e seus malefícios (econômicos, sociais, sexuais etc.); visão imediatista, limitada, conformista e contraditória da relação entre o meio ambiente e o turismo; contradições culturais e estruturais das comunidades (internas) em função do turismo; visão salvacionista acerca do trabalho pelo turismo. Essas situações sintetizaram o Tema Gerador denominado de "Turismo: engrenagem que move o município de Cairu/BA", em que a engrenagem representa o que movimenta o município. Sendo que o turismo movimenta a economia, modifica culturalmente a comunidade, desestabiliza o meio ambiente e interfere nos processos de preservação da natureza.

Após a seleção do Tema Gerador, procedeu-se à organização da programação curricular – correspondente à quarta etapa da IT – utilizando um Quadro Temático como base para a seleção de Conteúdos e Conceitos de Ciências da Natureza. Esse Quadro Temático, construído a partir das relações estabelecidas entre a Rede Temática e o Ciclo Temático, é viável porque engloba ao mesmo tempo a perspectiva da comunidade, que são as causas e consequências, e as alternativas que representam a visão dos educadores (MILLI, 2019). Ao sistematizar essas relações, Magalhães (2022) propõe o Quadro Temático apresentado na Figura 1.

Figura 1. Quadro Temático

<table>
<tr><td rowspan="12">CICLO TEMÁTICO</td><td colspan="5">TEMA GERADOR</td><td rowspan="4">BASE DA REDE</td><td rowspan="12">REDE TEMÁTICA</td></tr>
<tr><td colspan="5">Situações-Limite</td></tr>
<tr><td colspan="5">CAUSAS: Quais as causas, as origens das situações-limite vivenciadas na realidade local?</td></tr>
<tr><td colspan="5">CONSEQUÊNCIAS: Quais as consequências das situações-limite para a comunidade local?</td></tr>
<tr><td colspan="6">Questão Geradora</td></tr>
<tr><td colspan="5">ALTERNATIVAS: Quais conteúdos são necessários à superação das situações-limite vivenciadas na comunidade local? Quais ações podem ser realizadas para superação dessas situações-limite?</td><td rowspan="7">TOPO DA REDE</td></tr>
<tr><td colspan="5">CONTRATEMA</td></tr>
<tr><td rowspan="2">Unidades Geradoras</td><td rowspan="2">Conteúdos e Conceitos</td><td colspan="3">Ações Editandas</td></tr>
<tr><td>Local</td><td>Regional</td><td>Global</td></tr>
<tr><td>I</td><td></td><td colspan="3"></td></tr>
<tr><td>II</td><td></td><td colspan="3"></td></tr>
<tr><td>III</td><td></td><td colspan="3"></td></tr>
</table>

Fonte: Extraído de Magalhães (2022, p. 74).

Magalhães (2022) esclarece que o Quadro Temático visa superar as contradições sociais, identificadas no processo de seleção e legitimação do Tema Gerador, e pode contribuir para a organização de processos formativos que contemplem as diferentes realidades e as Ações Editandas (FREIRE, 1987), que são ações a serem implementadas para compreender e/ou superar o Tema Gerador. Durante o processo formativo, esse Quadro Temático orientou a sistematização de todas as atividades relacionadas ao Tema Gerador "Turismo: engrenagem que move o município de Cairu/BA", e ao Contratema: "Turismo: seus benefícios e malefícios para a comunidade", que é a antítese do Tema Gerador.

A Figura 2 é uma continuação da Figura 1, detalhando de maneira mais explícita os aspectos relacionados às alternativas – sob a perspectiva dos educadores – para que as situações-limite do Tema Gerador pudessem ser melhor compreendidas e superadas. Para Magalhães (2022), esse detalhamento das alternativas foi elaborado durante o processo formativo para que os professores, potenciais multiplicadores no município, também pudessem vivenciar a sistematização dos elementos do Tema Gerador e do Contratema.

As Unidades Temáticas e as Ações Editandas (Figura 2) – que incluem elementos locais, nacionais e globais – fornecem informações que podem ser levadas em conta para a organização dos trimestres escolares. Os conteúdos e conceitos científicos, que abrangem várias áreas de conhecimento, podem ser adaptados e trabalhados, por exemplo, no Ensino Fundamental Anos Finais.

Figura 2: Segunda parte do Quadro Temático desenvolvido no processo formativo de Cairu

<table>
<tr><th colspan="7">CONTRATEMA: TURISMO: SEUS BENEFÍCIOS E MALEFÍCIOS PARA A COMUNIDADE</th></tr>
<tr><td rowspan="6">CICLO TEMÁTICO</td><td colspan="4">ALTERNATIVAS: Quais conteúdos são necessários à superação das situações-limite vivenciadas nas comunidades locais? Quais ações podem ser realizadas para a superação dessas situações-limite?</td><td rowspan="6">TOPO DA REDE</td><td rowspan="6">REDE TEMÁTICA</td></tr>
<tr><th rowspan="2">Unidades Temáticas</th><th rowspan="2">Conteúdos e Conceitos Científicos</th><th colspan="2">Ações Editandas</th></tr>
<tr><th colspan="2">Local | Regional | Global</th></tr>
<tr><td>I – A História e a Cultura de Cairu</td><td>- História Local - ilhas, igrejas, convento com estrutura barroca do séc. XVI, conjunto arquitetônico de Morro de São Paulo, Ilha de Boipeba, Cova da Onça, Galeão, comunidades quilombolas, marcos históricos, manifestações culturais, apropriação indígena, lendas, folclore, sítios arqueológicos;
- Tradições marítimas ligadas ao trabalho e religião (festa de Yemanjá, procissões marítimas - romarias, chegança, o boi Tanauri e Kuteu, zambiapunga, as tradições de careta, barquinha, marujada, Santa Manzorra, dondocas, candinhas, dondoró - São Gonçalo, etc.);
- Festa dos Padroeiros;</td><td colspan="2">– Levantamento da história e cultura local;
– Levantamento e estudo dos sítios arqueológicos;
– Criação do acervo histórico e cultural de Cairu;
– Credenciamento dos guias;
– Parceria com a Secretaria de Ação Social; Infraestrutura e Turismo.</td></tr>
<tr><td>II – As riquezas do solo cairuense e sua biodiversidade</td><td>– Composição dos solos - tipos e usos;
– Geomorfologia (Sambaqui);
– Estudo da Fauna (Baleias, Tartarugas etc.) e Flora da Mata Atlântica Local (Campos de massela; remanescentes de florestas de aroeira e de mangaba etc.);
– Manguezal e a sua biodiversidade;
– Plantas endêmicas;
– Animais endêmicos;
– Relações ecológicas (Risco de Extinção);</td><td colspan="2">– Estudo, preservação e formação da comunidade para a extração sustentável da argila;
– Produção e comercialização de sabonetes de argila e produtos derivados dos frutos nativos;
– Empreendedorismo local;
– Turismo sustentável;
– Economia "Circular";
– Economia Solidária;
– Parceria com o "Projeto Tamar" ou Projeto da "Baleia Jubarte";</td></tr>
<tr><td>III – As águas de Cairu: caminhos para chegar à saúde</td><td>– Qualidade e Composição da água;
– Ciclo da água;
– Comportamento das Marés;
– Hidrografia;
– Influências dos ventos no ritmo das águas e das Marés
–Pressão; Volume; Unidades de Medida;
– Resíduos sólidos (Lixão);
– Saneamento Básico;
– Doenças relacionadas a falta de Saneamento;
– Pandemia;
– Vírus, Bactérias, Fungo;
– Vacinas;
– Higiene e prevenção às doenças locais;</td><td colspan="2">– Formação e/ou ampliação de cooperativas atuantes no processo de coleta seletiva;
– Criação e ampliação de políticas públicas voltadas às necessidades locais;</td></tr>
</table>

Fonte: Extraído de Magalhães (2022, p. 82).

Para Magalhães (2022), a experiência dos participantes no processo formativo, na elaboração detalhada do Quadro Temático, foi crucial para a sistematização de elementos teórico-metodológicos de um documento orientador para a construção de PPPs da rede pública de educação municipal, chamado de Documento Orientador Municipal (DOM). O processo de construção deste DOM destacou o potencial da IT para delinear os passos necessários na construção dos PPPs, de forma a integrar as demandas da escola e da comunidade, além de proporcionar voz e envolver os professores de maneira efetiva na elaboração desse documento (MAGALHÃES, 2022). Do ponto de vista operacional, Magalhães (2022) esclarece que o DOM[7] se configurou como uma estrutura base para orientar a elaboração de PPPs de escolas municipais em qualquer região do país. No caso de Cairu-BA, ele foi oficializado e publicado no Diário Oficial do Município como um caminho a ser seguido na construção dos PPPs das escolas municipais.

Ações em cursos de Licenciatura e perspectivas futuras

Os processos de formação realizados no contexto da Realba têm tido um impacto significativo na organização de programas escolares, estruturação de PPPs e na promoção da interação Universidade-Escola-Comunidade. No entanto, é necessário aprofundar a pesquisa sobre os processos de formação e expandir as atividades de formação para outros níveis de ensino, assim como para outros municípios da região Nordeste do Brasil. Algumas iniciativas já estão sendo realizadas no contexto da formação inicial de professores, em especial na UFAL e na UFRB.

Na UFAL, por exemplo, foi realizado um trabalho no curso de Pedagogia, na disciplina de Planejamento, Currículo e Avaliação, em que licenciandas vivenciaram as etapas da Investigação Temática. A pesquisa de Solino *et al.* (2021) apresenta com detalhes este trabalho e explicita alguns desafios e potencialidades na elaboração de planejamentos didático-pedagógicos da Educação em Ciências, com base na ATF. Entre os resultados, os autores enfatizam o protagonismo das licenciandas durante o planejamento de aulas de Ciências;

7 Em uma conversa recente com a Professora Lina Magalhães, ela explicou que a implementação do DOM começou no ano de 2022, quando cada escola do município analisou, junto à sua comunidade, a sua realidade e suas especificidades. A partir dessa escuta, as escolas utilizam o DOM para a construção do PPP de maneira democrática e participativa.

a compreensão da importância de ouvir o Outro no processo de obtenção de Temas Geradores; a definição de parâmetros para identificar e analisar falas significativas da comunidade. Por fim, Solino *et al.* (2021) destacam que a inserção da IT no curso de Pedagogia pode potencializar processos formativos coerentes com uma concepção de educação ético-crítica, preocupada com a escuta sensível do Outro.

Dentro do contexto da UFRB, iniciativas têm sido realizadas visando à inserção da ATF no âmbito do Curso de Licenciatura em Física do Centro de Formação de Professores (CFP), sendo implementadas pelo grupo de estudos e pesquisas DiCE (Diálogo, Crítica e Educação em Ciências). Entre elas, destaca-se o uso de elementos da IT para identificar possíveis situações-limite vivenciadas pela população de Amargosa-BA, município no qual o CFP/UFRB está localizado. Apesar de a pandemia da covid-19 ter estabelecido limitações ao processo de coleta de informações e diálogo com a comunidade, o coletivo, formado por pesquisadores e licenciandos, realizou um levantamento preliminar da realidade local – primeira etapa da IT –, identificando um universo de temas potencialmente geradores (SANTOS; SANTOS; SOUSA, 2021).

O trabalho desenvolvido ganha destaque por envolver a IT de todo o município, e seus resultados têm subsidiado ações na formação inicial ao constituir ponto de partida para o desenvolvimento de atividades formativas em diferentes disciplinas do curso de licenciatura em Física do CFP/UFRB, fomentando a discussão acerca da abordagem de temas e do desenvolvimento de uma educação dialógica e problematizadora em sala de aula.

Como resultado desse movimento, os licenciandos também têm se debruçado sobre a elaboração e análise de atividades didático-pedagógicas a partir de temas relacionados com problemáticas locais em seus trabalhos de conclusão de curso. Silva (2022), por exemplo, destaca a relevância do trabalho com temas para suscitar reflexões no professorado sobre a constituição do currículo escolar, isto é, acerca de questões como "Para quem ensinar? Por quê? O que? Como?". Santos (2021), por sua vez, destaca: a importância do trabalho com Temas Geradores para a elaboração de questões efetivamente problematizadoras, ao se utilizar os 3MP; a importância de estabelecer uma parceria com a comunidade local para o desenvolvimento da Investigação Temática; o potencial do trabalho com Temas Geradores para uma prática educativa interdisciplinar, que vá além do ensino de conteúdos científicos numa perspectiva memorística e mecânica; e a importância de desenvolver atividades desta natureza na formação inicial de professores para o estabelecimento de uma prática educativa que articule os conhecimentos científicos com as problemáticas da comunidade local e escolar.

Nesse contexto, uma das perspectivas futuras da Realba é ampliar suas ações, fomentando discussões sobre a constituição de um currículo escolar ético-crítico, que dê vez e voz à comunidade local e escolar em sua construção. O objetivo é fazer isso por meio do desenvolvimento de processos formativos voltados para licenciandos e professores da Educação Básica que atuam na Bahia e em Alagoas com o intuito de contribuir com a comunidade local e fortalecer o diálogo entre Universidade, Comunidade e Escola. Além disso, destacamos o desenvolvimento de novos projetos cujas parcerias ultrapassam as fronteiras do Nordeste brasileiro. Entre eles, está a colaboração com pesquisadores da Universidade Nacional Pedagógica em Bogotá, Colômbia, e aqueles que estão em fase de consolidação, por exemplo, com o Instituto Nacional de Estudos e Pesquisa (INEP), um órgão público vinculado ao Ministério da Educação Nacional, Ensino Superior e Investigação Científica da Guiné-Bissau, África.

Referências

ARCHANJO, M. G. J. **Tecnologia Social no contexto de uma comunidade escolar**: limites e possibilidades para a Educação em Ciências. Dissertação (Mestrado em Educação em Ciências) – Universidade Estadual de Santa Cruz, Ilhéus, 2019.

DELIZOICOV, D. Pesquisa em ensino de ciências como ciências humanas aplicadas. **Caderno Brasileiro de Ensino de Física,** v. 1, n. 2, 2004.

DELIZOICOV, D.; ANGOTTI, J. A. P.; PERNAMBUCO, M. M. **Ensino de Ciências:** fundamentos e métodos. São Paulo: Cortez, 2011.

DELIZOICOV, D.; GEHLEN, S. T.; IBRAIM, S. de S. Centenário Paulo Freire: Contribuições do Ideário Freireano para a Educação em Ciência. **Revista Brasileira de Pesquisa em Educação em Ciências,** e36079, 1–, 2021.

DEMARTINI, G. R.; SILVA, A. F. G. da. Abordagem Temática Freireana no Ensino de Ciências e Biologia: Reflexões a partir da Práxis Autêntica. **Revista**

Brasileira de Pesquisa em Educação em Ciências, p. e33743, 1–, 2021. DOI: 10.28976/1984-2686rbpec2021u9731002. Acesso em: 7 jul. 2023.

FONSECA, K. N. **Investigação Temática e a formação social do espaço**: construção de uma proposta com professores dos anos iniciais. Dissertação (Mestrado em Educação em Ciências) – Universidade Estadual de Santa Cruz, Ilhéus, 2017.

FREIRE, P. **Extensão ou Comunicação?** 8. ed. Rio de Janeiro: Paz e Terra, 1983.

FREIRE, P. **Pedagogia do Oprimido**. 17. ed. Rio de Janeiro: Paz e Terra, 1987.

GEHLEN, S.; SOLINO, A. P.; SANTOS, J. S.; MILLI, J. C. L. (org.). **Paulo Freire no Ensino de Ciências**: trajetórias formativas na Costa do Cacau da Bahia. Curitiba: CRV, 2021.

GEHLEN, S.; SOUSA, P. S.; MILLI, J. C. L. A investigação temática no Sul da Bahia: diálogos entre universidade, escola e comunidade. *In*: WATANABE, G. (org.). **Educação Científica Freireana na Escola**. São Paulo: Editora Livraria da Física, 2019, p. 91-108.

LIMA, J. A. **A Abordagem Temática Freireana na elaboração de um projeto político-pedagógico configurado como práxis criadora**. Dissertação (Mestrado em Educação em Ciências) – Universidade Estadual de Santa Cruz, Ilhéus, 2019.

MAGALHÃES, L. M. **Investigação Temática na elaboração de um documento orientador para projetos políticos pedagógicos de escolas municipais**: o exemplo de Cairu/Bahia. Dissertação (Mestrado em Educação em Ciências e Matemática) – Universidade Estadual de Santa Cruz, Ilhéus, 2022.

MAGOGA, T. F.; MUENCHEN, C. "Como ocorre a construção e disseminação do conhecimento curricular Freireano?". Algumas Sinalizações. **Revista Brasileira de Pesquisa em Educação em Ciências**, e33748, 1, 2021. DOI: 10.28976/1984-2686rbpec2021u859887. Acesso em: 3 jul. 2023.

MILLI, J. C. L. **A Investigação Temática à luz da Análise Textual Discursiva: em busca da superação do Obstáculo Praxiológico do Silêncio.** Dissertação (Mestrado em Educação em Ciências) – Universidade Estadual de Santa Cruz, Ilhéus, 2019.

MILLI, J. C. L; ALMEIDA, E. S.; GEHLEN, S. T. A Rede Temática e o Ciclo Temático na busca pela cultura de participação na educação CTS. **ALEXANDRIA: Revista de Educação Científica e Tecnológica**, Florianópolis, v. 11, n. 1, p. 71-100, 2018.

MILLI, J. C. L.; SOLINO, A. P.; GEHLEN, S. T. A Análise Textual Discursiva na Investigação do Tema Gerador: por onde e como começar? **Investigações em Ensino de Ciências**, v. 23, n. 1, p. 200–229, 2018. DOI: 10.22600/1518-8795.ienci2018v23n1p200. Acesso em: 30 de jun. 2023.

MORAES, R.; GALIAZZI, M. C. **Análise Textual Discursiva**. Ijuí: UNIJUÍ, 2011.

MUENCHEN, C.; KLEIN, S. G.; MAGOGA, T. F.; PEREIRA, D. N. (Org.) **Possibilidades para esperançar**: uma década de construção coletiva. São Paulo: Livraria da Física, 2023.

PERNAMBUCO, M. M.; PAIVA, I. A. (Org.). **Práticas coletivas na escola.** Campinas: Mercado de Letras; Natal: EDUFRN, 2013.

REIS, I.G. **As Palavras Geradoras nos Anos Iniciais e suas relações com a Educação em Ciências.** Dissertação (Mestrado em Educação em Ciências e Matemática) – Universidade Estadual de Santa Cruz, Ilhéus/BA, 2023.

SANTOS, J. S. **A dimensão axiológica no desenvolvimento e implementação de atividades didático-pedagógicas via Tema Gerador**. Dissertação (Mestrado em Educação em Ciências e Matemática) – Universidade Estadual de Santa Cruz, Ilhéus, 2020.

SANTOS, P. J. **Poluição sonora em Amargosa-BA**: construção de uma proposta baseada na Abordagem Temática Freireana em tempos de pandemia. Trabalho de Conclusão de Curso. (Graduação em Licenciatura em Física) – Universidade Federal do Recôncavo da Bahia, 2021.

SANTOS, P. J.; SANTOS, A. J.; SOUSA, P. S. Investigação Temática no município de Amargosa-BA: resultados preliminares. *In*: COLÓQUIO DO PROGRAMA DE PÓS-GRADUAÇÃO EM EDUCAÇÃO CIENTÍFICA E FORMAÇÃO DE PROFESSORES, 9., 2021. **Anais...** *Online*, 2021.

SILVA, A. F. G. **A construção do currículo na perspectiva popular crítica:** das falas significativas às práticas contextualizadas. Tese (Doutorado em Educação e Currículo). São Paulo: PUC, 2004.

SILVA, R. M. A **Abordagem Temática Freireana na formação de professores de ciências sob a óptica da Teoria da Atividade**. Dissertação, PPGECFP/UESB, 2015.

SILVA, T. A. **O barulho ao redor**: proposta de uma oficina com inspiração freireana sobre poluição sonora. Trabalho de Conclusão de Curso. (Graduação em Licenciatura em Física) – Universidade Federal do Recôncavo da Bahia, 2022.

SOLINO, A. P.; SOUSA, P. S. de; SILVA, R. M. da; GEHLEN, S. T. O Tema Gerador na Formação de Pedagogas do Alto Sertão Alagoano: da Escuta Sensível ao Planejamento de Ciências. **Revista Brasileira de Pesquisa em Educação em Ciências**, [*S. l.*], p. e33324, 1–, 2021. DOI: 10.28976/1984-2686rbpec2021u10691098. Acesso em: 7 jul. 2023.

SOUSA, P. S.; SOLINO, A. P.; FIGUEREDO, P. S.; GENLEN, S. T. Investigação temática no contexto do ensino de ciências: relações entre a abordagem temática freireana e a práxis curricular via tema gerador. **Alexandria: Revista de Educação em Ciência e Tecnologia**, v. 7, n. 2, 155–177, 2014.

SOUZA, I. L. S. F. **Brincar como prática de liberdade:** a humanização freireana permeando as infâncias. Dissertação (Mestrado em Ensino e Formação de Professores) – Universidade Federal de Alagoas, Arapiraca, 2023.

STOEBERL, F.; BRICK, E. M. Projeto comunitário com jovens camponeses: a construção de uma proposta de ensino a partir da realidade. **Revista Espaço do Currículo,** v. 14, n. 2, p. 1–19, 2021. DOI: 10.22478/ufpb.1983-1579.2021v14n2.58095. Acesso em: 5 jul. 2023.

CAPÍTULO 11

As potencialidades da Permacultura para a Educação Científica e Tecnológica na Educação do Campo em meio aos controversos Objetivos do Desenvolvimento Sustentável

Amanaíra Miranda Norões[1]
Júlio César Alves Andrade[2]
Maíra Figueiredo Goulart[3]
Anielli Fabiula Gavioli Lemes[4]
Luciana Resende Allain[5]

Introdução

O GRUPO de Estudos e Práticas em Permacultura (GEPP) surgiu em 2018 a partir de um projeto de extensão articulado com o ensino e pesquisa em Educação em Ciências, na Universidade Federal dos Vales do Jequitinhonha e Mucuri (UFVJM), em Diamantina, Minas Gerais. O projeto de extensão tinha como título "Diálogos entre Educação e Permacultura"

1 Mestranda do Programa de Pós-graduação em Educação em Ciências, Matemática e Tecnologia da Universidade Federal dos Vales do Jequitinhonha e Mucuri (UFVJM) e membro do Grupo de Estudos e Praticas em Permacultura (GEPP). E-mail: noroes.miranda@ufvjm.edu.br

2 Mestrando do Programa de Pós-graduação em Educação em Ciências, Matemática e Tecnologia da Universidade Federal dos Vales do Jequitinhonha e Mucuri (UFVJM) e membro do Grupo de Estudos e Praticas em Permacultura (GEPP). E-mail: cesar.alves@ufvjm.edu.br

3 Docente do Programa de Pós-graduação em Educação em Ciências, Matemática e Tecnologia da Universidade Federal dos Vales do Jequitinhonha e Mucuri (UFVJM) e membro do Grupo de Estudos e Práticas em Permacultura (GEPP). E-mail: maira.goulart@ufvjm.edu.br

4 Docente do Programa de Pós-graduação em Educação em Ciências, Matemática e Tecnologia da Universidade Federal dos Vales do Jequitinhonha e Mucuri (UFVJM) e membro do Grupo de Estudos e Práticas em Permacultura (GEPP). E-mail: anielli.lemes@ufvjm.edu.br

5 Docente do Programa de Pós-graduação em Educação em Ciências, Matemática e Tecnologia da Universidade Federal dos Vales do Jequitinhonha e Mucuri (UFVJM) e coordenadora do Grupo de Estudos e Práticas em Permacultura (GEPP). E-mail: luciana.allain@ufvjm.edu.br

e buscava estudar os princípios da Permacultura e disseminar suas práticas no ambiente acadêmico e escolar. A necessidade de compreender melhor as tecnologias sociais e sua conexão com a escola deu origem ao livro *Tecnologias Sociais da Permacultura e Educação Científica: propostas inovadoras para um currículo interdisciplinar* (ALLAIN; FERNANDES, 2022). Nesse livro, refletimos sobre as bases conceituais da Permacultura e das Tecnologias Sociais e ensaiamos aproximações possíveis entre a Permacultura e a Educação Científica a partir de diálogos e contrapontos com a Base Nacional Comum Curricular (BNCC), a interdisciplinaridade, a Alfabetização Científica e Tecnológica e as Metodologias Ativas. Também nesse livro, propusemos Situações de Estudo (MASSENA, 2016), a partir de diversas Tecnologias Sociais da Permacultura, entre elas a Bacia de Evapotranspiração (BET). O GEPP vê de forma frutífera a conexão dessas discussões à Educação do Campo, a partir do acúmulo em suas ações de ensino, pesquisa e extensão que estão sendo desenvolvidas em diversas escolas, no âmbito dos cursos de Licenciatura em Ciências Biológicas e em Educação do Campo da UFVJM.

O contexto de atuação do GEPP nos leva a refletir, discutir, compreender e qualificar o uso de termos como sustentabilidade, desenvolvimento sustentável, ecodesenvolvimento, dentre outros tão em voga atualmente. Tais termos foram apropriados por agentes sociais muito distintos e incorporados ao discurso governamental, ambientalista e empresarial, dessa forma, diversidade e contradições em relação aos seus significados existem (VIZEU *et al.*, 2012). No âmbito do GEPP, nos embasamos em Silva (2012a), que defende que o desenvolvimento só será sustentável se, para além da questão ecológica envolvida (ações que visam diminuir a degradação e poluição ambiental), aspectos sociais e econômicos sejam considerados. É necessário não só o cuidado com a natureza, mas o cuidado com as relações entre ser humano-natureza. Portanto, não há desenvolvimento sustentável legítimo com injustiças, desigualdades sociais e imposição de tecnologias. Os modos de vida dos camponeses precisam, portanto, ser valorizados, pois integram estratégias de produção e consumo em respeito aos ecossistemas do seu território (SILVA, 2012b).

No GEPP, adotamos uma concepção de sustentabilidade que difere da concepção hegemônica de desenvolvimento sustentável, estabelecida a partir de 1972, quando ocorreu o primeiro grande encontro internacional para discutir os problemas ambientais, a denominada Conferência da ONU sobre o

Desenvolvimento e Meio Ambiente Humano. Foi posteriormente, em 1987, que o termo desenvolvimento sustentável foi proposto, com o conceito original de "um processo que satisfaz as necessidades do presente sem comprometer a capacidade das gerações futuras em satisfazer suas próprias necessidades" (VIZEU *et al.*, 2012). A sintetização de propostas para o desenvolvimento sustentável em um plano de ação pragmático com metas, prazos e indicadores foi adotada no início dos anos 2000 com oito Objetivos de Desenvolvimento do Milênio (ODM) e posteriormente ampliada para os 17 Objetivos do Desenvolvimento Sustentável (ODS). Esses últimos combinam metas que englobam a conservação da biosfera (vida continental, vida marinha, ação climática, água limpa), melhorias sociais (pobreza e fome zero, saúde e bem-estar, igualdade de gênero, energia limpa, educação de qualidade, cidades sustentáveis, paz e justiça), desenvolvimento econômico (crescimento e emprego decente, produção e consumo sustentável, infraestrutura sustentável, redução de desigualdades) e a promoção de parcerias para o alcance dos objetivos. Os ODS compõem a Agenda 2030, um acordo ratificado por 193 nações, incluindo o Brasil, que entrou em vigor em 2016 e estabelece para os 17 objetivos, 169 metas a serem desenvolvidas, alcançadas e cumpridas de maneira plena, conforme acordado pelos países signatários, até o ano de 2030. A Figura 1 sintetiza os 17 ODS:

Figura 1 – Os 17 Objetivos do Desenvolvimento Sustentável

Fonte: Retirado de www.dge.mec.pt.

Como se vê, os ODS têm impactos nos cenários econômico, social, ambiental e institucional globais, afetando a nossa vida cotidiana, pois buscam influenciar o modo como consumimos, como habitamos o espaço, nos relacionamos com o ambiente e como nos educamos. Porém, os ODS reproduzem as mesmas contradições que vinham sendo expostas e criticadas desde que o termo desenvolvimento sustentável entrou em voga. Loureiro (2012) é um dos pesquisadores que já problematizava a questão, trazendo como reflexão a impossibilidade de se construir a sustentabilidade a partir de uma sociedade desigual, cujo modo de produção não é compatível com os ciclos ecológicos. Nascimento (2012) complementa denunciando o desenvolvimento sustentável como uma proposta despolitizada, como se contradições e conflitos de interesse não existissem mais; como se a política não fosse necessária no processo de mudanças.

Para exemplificar as controvérsias em torno dos ODS, partimos do primeiro deles: erradicar a pobreza. Para começar, é necessária uma reflexão epistemológica: o que define a condição de pobreza ou a sua manifestação? O discurso hegemônico simplifica pobreza como "insuficiência de renda", embora haja esforços para que seja adotada uma concepção de pobreza multidimensional (FAHEL *et al.*, 2016). Para além disso, cabe a reflexão de que há um antagonismo quando é dada ênfase em erradicar a pobreza, mas não em erradicar a riqueza, pois obviamente há necessidade de combater a desigualdade social para que o primeiro ODS seja alcançado. Para Prandi *et al.* (2015), os ODS ainda não configurariam um instrumento determinante para mudanças estruturais ao insistirem em formas paliativas de combate à desigualdade. E, no entanto, é justamente a desigualdade social um dos aspectos que só se agravaram, do ponto de vista global, desde que o desenvolvimento sustentável foi proposto (SCARANO *et al.*, 2022). Esse cenário explicita que, para alcançar a sustentabilidade planetária, é imprescindível desacoplar metas de crescimento econômico dos ODS (SCARANO *et al.*, 2022). Porém, o controverso ODS 8 (ver Figura 1) aborda especificamente isso: crescimento econômico. Mesmo que o alcançássemos, possíveis benefícios do crescimento provavelmente seguiriam sendo compartilhados de forma desigual (SCARANO *et al.*, 2022). Também é alvo de críticas o fato de o desenvolvimento sustentável vir acompanhado de um discurso dogmático e salvacionista de que a tecnologia e a ciência resolverão os problemas ambientais, como se fossem produzidas e utilizadas de forma neutra (LOUREIRO, 2012; NASCIMENTO, 2012). Na verdade, a ênfase em soluções tecnológicas está atrelada ao aumento na eficiência do uso de recursos naturais e, portanto, na "sustentabilidade de mercado" que nada mais é que a reprodução do capitalismo (SCARANO *et al.*, 2022).

O ODS 4 da Figura 1 (educação de qualidade), também traz em si controvérsias. Se, por um lado, é louvável o valor simbólico de uma agenda internacional focada em educação de qualidade, por outro, desencadeia reformas educacionais promovidas por meio de financiamento internacional com interesses nem sempre convergentes. Akkari (2017) alerta que o ODS 4 orienta uma concepção de educação como produtora de recursos humanos em favor da economia de mercado e para atender às demandas de consumo dos países. Essa orientação enfatiza a necessidade de passar da educação para todos à aprendizagem para todos, mensurando os resultados através de testes padronizados (AKKARI, 2017). Ou seja, para atender à demanda global, são implantadas reformas com propostas generalistas e muito distantes das realidades locais.

Esse é o caso do Brasil, onde, nos últimos anos esteve em discussão e em implementação a Base Nacional Comum Curricular (BNCC) (BRASIL, 2018), documento que traz um conjunto de diretrizes que direcionam a elaboração dos currículos do ensino básico, como os Currículos Estaduais, a exemplo do Currículo Referência de Minas Gerais (CRMG) (MINAS GERAIS, 2018). Seguindo as diretrizes internacionais, a BNCC induz adequações dos currículos escolares a partir do alinhamento das competências, habilidades e objetivos de aprendizagem aos 17 ODS, embora, de forma explícita, esse tema apareça apenas pontualmente nos referidos documentos. Na BNCC, termos como desenvolvimento sustentável e sustentabilidade aparecem isoladamente ao longo do documento, mas é apenas em uma nota de rodapé que explicitamente os ODS são mencionados, sendo indicada a Agenda 2030 da ONU como complementação às diretrizes curriculares. No CRMG do Ensino Médio, embora os ODS sejam mencionados por duas vezes no texto principal do documento, eles não são detalhados e nenhum tipo de reflexão crítica sobre estes é apresentada.

Muito embora os documentos orientadores dos currículos não abordem a temática dos ODS com maior profundidade, eles também não impedem que uma visão crítica seja incorporada ao processo de ensino, pois as competências da BNCC trazem pressupostos que possibilitam discutir criticamente temas voltados à dinâmica da realidade sociocultural na qual as escolas estão inseridas, dentre eles a sustentabilidade (SILVA, 2019). É com esse propósito que apresentamos a seguir potencialidades de diálogo da Permacultura com a sustentabilidade nos currículos escolares.

Diálogos entre Permacultura e sustentabilidade por meio das Tecnologias Sociais

A Permacultura é um campo de práticas que hibridiza os conhecimentos científicos aos ancestrais e que está baseada em princípios éticos de planejamento do espaço humano, inspirando-se em padrões existentes na natureza para gerar sistemas sustentáveis, produtivos e abundantes (ROSA, 2022). Esses princípios estão alinhados com a visão de sustentabilidade contra-hegemônica característica da agricultura camponesa familiar, na qual a terra é vista como lugar de vida e, assim, são desenvolvidas estratégias de produção e consumo comunitárias, aliadas à conservação da biodiversidade e dos recursos naturais (SILVA, 2012b).

Por meio da Permacultura, são desenvolvidas Tecnologias Sociais (TS), processos de construções comunitárias direcionadas à resolução de problemas sociais, econômicos e ambientais que possibilitam a inclusão social dos envolvidos (DUQUE; VALADÃO, 2017). Segundo Dagnino (2009), TS é um conceito proposto para caracterizar uma tecnologia oposta à Tecnologia Convencional – aquela que "visa o lucro e tende a provocar a exclusão social" (DAGNINO, 2013, p. 253). Uma importante TS da Permacultura é a Bacia de Evapotranspiração (BET), uma alternativa de saneamento ecológico apropriada para o tratamento domiciliar de águas advindas do vaso sanitário. Além de incentivar sua adoção em zonas urbanas e rurais, aqui queremos também apresentar a BET como indutora de uma proposta educacional efetivamente comprometida com uma ideia de sustentabilidade que alie a preservação do ambiente e a justiça social, além de contribuir para atender os desafios do ODS 6: garantia de água limpa e saneamento para toda a população.

Dados do Sistema Nacional de Informações sobre o Saneamento (SNIS, 2021) apontam que apenas 55,8% da população do país tem rede de esgoto domiciliar, ou seja, cerca de 100 milhões de brasileiros não têm acesso à coleta de esgoto. O tema é especialmente relevante devido ao momento histórico no qual está se discutida a implementação do Novo Marco Legal do Saneamento (Lei n.º 14.026/2020), que tem por objetivo universalizar os serviços de saneamento até 2033, garantindo fornecimento de água potável para 99% da população e tratamento de esgoto para 90% das moradias.

Se as condições de saneamento básico são insatisfatórias no meio urbano, elas se tornam precárias ou inexistentes no meio rural (NETO *et al.*, 2017), onde 75% das moradias não possuem sistemas adequados de tratamento e destinação de esgoto (INSTITUTO TERRA BRASIL, 2021). Buscando contribuir para a melhoria desse cenário, em 2019 foi aprovado o Programa Nacional de Saneamento Rural – PNSR (BRASIL, 2019). O PNSR reconhece desafios no oferecimento de serviços adequados às populações do campo devido, por exemplo, ao espaçamento geográfico, distância das sedes, difícil acesso às propriedades, limitação de crédito e força de trabalho. Há ainda ausência ou insuficiência de oferta de serviços voltados ao saneamento por conta de disposição política na esfera municipal, estadual ou federal, entre outros (BRASIL, 2019). Diante desses desafios, o PNSR enfatiza a necessidade de "estratégias que incentivem a participação social e o empoderamento dessas populações" (BRASIL, 2019, p. 32) e apresenta a BET como uma dessas estratégias, que no referido documento é nomeada Tanque de Evapotranspiração. Uma representação da BET pode ser visualizada na maquete da Figura 2.

Figura 2 – Maquete representativa da BET

Fonte: Allain (2020).

A BET consiste em um tanque impermeabilizado, preenchido com diferentes camadas de substratos, utilizando um túnel de pneus, onde acontece a decomposição anaeróbia da matéria orgânica e absorção de nutrientes e água pelas raízes de plantas que possuem folhas largas e crescimento rápido, como por exemplo as bananeiras. Essas plantas, cultivadas na BET, desempenham funções extremamente vantajosas, como a contribuição no ciclo da água por meio da evapotranspiração, impedindo que o tanque se esgote rapidamente, e a produção alimentar, já que o fruto pode ser consumido com segurança. Estes fatores abrangem um dos princípios básicos da Permacultura, que é a otimização energética (GAMA *et al.*, 2022). Além disso, materiais que geralmente são descartados indevidamente, como pneus e entulhos de obras, são reutilizados no processo de construção da BET, contribuindo para minimizar a destinação incorreta de resíduos (MARTINS *et al.*, 2022). Portanto, esta TS consiste em um sistema fechado que transforma os resíduos humanos em nutrientes, devolvendo-os de forma ecológica para a natureza (ALLAIN *et al.*, 2020).

A BET e os ODS no contexto da Educação do Campo: conexões possíveis

Partindo das críticas tecidas aos ODS e a superficialização da abordagem da sustentabilidade no currículo escolar, apresentamos aqui a importância da incorporação de discussões sobre a Permacultura e o saneamento na Educação Científica, em especial na Educação do Campo. A BET pode ser uma ferramenta pedagógica muito interessante para expor contradições e potencialidades relacionadas ao desenvolvimento sustentável e para colocar em ação práticas emancipatórias para o contexto do campo.

Os camponeses em luta não aceitam o desenvolvimento sustentável para "sustentar" o capital, mas sim lutam para uma mudança na sociedade em torno da relação do ser humano-natureza, mediada pelo trabalho e pelos processos educativos que decorrem dessa relação (CALDART, 2021). A população campesina (quilombolas, ribeirinhos, indígenas etc.), na luta por seus direitos e territórios, atua na construção e defesa de diferentes políticas públicas, tais como de habitação, educação, transporte, cultura, lazer, organização de trabalho, de vida, de promoção da Agroecologia e de saneamento ecológico. Este último integra o cuidado com água, solo, alimento, saúde (PESSOA; HORA, 2021) e pode ser também instrumento pedagógico para a Alfabetização Científica na escola. Na interface da Educação Científica e da Educação do Campo, Santos e colaboradores (2019) defendem que a Educação Científica envolva a realidade campesina, problematizando-a a partir da contextualização. Para eles, a contextualização "não se trata de troca de saberes, nem de trazer para o currículo temáticas do cotidiano, mas, para além disso, a contextualização resulta na problematização e transformação da realidade, envolvendo comunidade e escola." (SANTOS *et al.*, 2019, p. 229).

Assim, o planejamento e desenvolvimento da BET em uma escola do campo possibilita a superação da simples ilustração ou exemplificação de aspectos da vida no campo para o desenvolvimento de conceitos científicos em situações reais. Por exemplo, a partir do levantamento e problematização da realidade de saneamento dos estudantes, a discussão sobre o saneamento básico pode promover o entendimento de que o esgotamento sanitário em fossas rudimentares, chamadas popularmente de casinha, buraco, fosso (BRASIL, 2019) ou jogado direto em vala, rio, lago ou mar, pode causar doenças e contaminações ao ambiente. Além disso, pode-se discutir a existência de uma alternativa que possibilita a integração da produção de alimentos saudáveis à preservação ambiental, promovendo bem-estar e saúde. Pode-se também abordar fenômenos biológicos como a evapotranspiração dos vegetais, a fotossíntese, a decomposição da matéria orgânica, aliados aos processos e conceitos químicos envolvidos, como transformações da matéria e equações químicas, utilizando esse conhecimento científico para entender, por exemplo, a ciclagem de nutrientes e sua relação com a agricultura. Esse entendimento de forma contextualizada propicia a defesa do uso da BET como alternativa viável e sustentável para aquela realidade, por exemplo. Assim, por meio da Educação Científica, é possível abordar conceitos de Química, Biologia, Física, Matemática, Geografia, História, Sociologia, entre outros, a partir de aspectos socioculturais do local, quando se constrói ou se discute a importância da implementação da TS da BET, expandindo a discussão local para o contexto global[6].

6 Para saber mais sobre potencialidades didáticas com a BET na Educação do Campo, consulte o trabalho de Martins e colaboradores (2022), que apresenta uma sequência didática para a abordagem da BET em sala de aula, detalhando a possibilidade de construção de uma BET ou construção de uma maquete. Veja também o livro de Allain e Fernandes (2022).

Evidentemente, há que se ressaltar que o trabalho pedagógico com a BET na escola só terá a amplificação e valorização de sua importância se for assumida e defendida como uma demanda coletiva, de toda a comunidade. Para isso, é necessário resgatar a historicidade da ausência dos serviços de saneamento básico no campo e a necessidade de um projeto de mobilização comunidade-escola muito maior. O projeto de campo, de Educação do Campo e de sociedade que defende o ambiente, os recursos naturais, melhores condições de vida e de trabalho, só tem sentido se houver o envolvimento coletivo, associado à mudança de comportamentos das pessoas.

Em suma, o desenvolvimento de atividades sobre a BET, em um diálogo crítico sobre os ODS indicados nos currículos escolares, pode ser o mote para a problematização do modelo de desenvolvimento sustentável, ensejando a mobilização política para que o PNSR seja implementado, transformando a realidade das comunidades do campo. Diante disso, defendemos uma Educação do Campo como perspectiva não só de uma escola diferente para os campesinos, mas de movimento de construção de políticas públicas para o campo, que adote estratégias como a Educação Integral e uma perspectiva de Campo Agroecológico (CALDART, 2008), que articula os conhecimentos científicos e populares, por meio, por exemplo, das Tecnologias Sociais, como a BET.

Algumas considerações

Os ODS têm orientado políticas públicas e tomadas de decisões de diferentes setores, colocando para a escola o desafio de transformar os estudantes em consumidores e cidadãos mais conscientes quanto à urgência de conciliar o controverso crescimento econômico à preservação do ambiente. No entanto, a fim de evitar que este se torne um discurso esvaziado de sentido, carregado de modismos e pouco efetivo do ponto de vista prático, argumentamos a favor de uma Educação Científica que promova a tão desejada sustentabilidade ambiental a partir da Permacultura e de suas Tecnologias Sociais. Tomando como exemplo a TS da BET, defendemos que processos educativos que ocorrem na Educação do Campo podem se beneficiar de uma educação crítica a partir da Permacultura, que problematize as condições a que estão submetidos os povos do campo, mobilizando-os em torno da solução de problemas ambientais como os da ausência de saneamento básico. Isso porque, além de serem uma forma de resistência ao desenvolvimento a qualquer custo, que "sustenta" apenas o capital, as TS, quando disseminadas para toda a comunidade, podem promover a autonomia desta população, melhorar a qualidade de vida e autoestima dos comunitários e uni-los em torno de uma causa em comum. Como ressalta Silva (2012b), as comunidades camponesas implementam a noção de sustentabilidade na sua prática cotidiana, uma vez que seus modos de vida preservam uma relação homem-natureza de forma a considerar questões ecológicas, sociais e econômicas, justificando a pertinência da Educação Científica e tecnológica em escolas do campo para valorização do modo de vida dos camponeses em seus territórios.

Referências

AKKARI, A. A agenda internacional para educação 2030: consenso "frágil" ou instrumento de mobilização dos atores da educação no século XXI? **Revista Diálogo Educacional**. v. 17, n. 53, p. 937-958, 2020.

ALLAIN, L. R. (org.) **Diálogos entre Educação e Permacultura:** formando professores para a sustentabilidade – atividades interdisciplinares para a educação básica (cartilha). Diamantina: Editora UFVJM, 2020. 59p. ISBN:978-85-7045-053-1

ALLAIN, L. R.; FERNANDES, G. W. R. (org.). **Tecnologias Sociais da Permacultura e Educação Científica**: Propostas inovadoras para um currículo interdisciplinar. São Paulo: Editora Livraria da Física, 2022.

BRASIL. **Base Nacional Comum Curricular.** Brasília: MEC, 2018. Disponível em: http://basenacionalcomum.mec.gov.br/. Acesso em: 10 jan. 2022.

BRASIL. Ministério da Saúde. Fundação Nacional de Saúde. **Programa Nacional de Saneamento Rural (PNSR).** Brasília: Funasa, 2019. Disponível em: http://www.funasa.gov.br/documents/20182/38564/MNL_PNSR_2019.pdf/08d94216-fb09-468e-ac98-afb4ed0483eb Acesso em: 4 maio 2023.

CALDART, R. S. Educação do Campo e Agroecologia. *In*: DIAS, A. P.; STAUFFER, A. B.; MOURA, L. H. G.; VARGAS, M. C. (org.). **Dicionário de Agroecologia e Educação**. 2021, p. 355 -361.

CALDART, R. S. Sobre educação do campo. *In*: SANTOS, C. A. (org.) **Por uma educação do campo**: Campo - políticas públicas - Educação. Brasília: INCRA-MDA, 2008, p. 67-86.

DAGNINO, R. (org.). **Tecnologia social**: ferramenta para construir outra sociedade. Campinas: Unicamp, 2009.

DAGNINO, R. O envolvimento da FBB com políticas públicas em tecnologia social: mais um momento de viragem. *In*: COSTA, A. B. **Tecnologia social e políticas públicas**. São Paulo: Fundação Banco do Brasil, 2013. p. 247-274.

DUQUE, T. O.; VALADÃO, J. A. D. Abordagens teóricas de tecnologia social no Brasil. **Revista Pensamento Contemporâneo em Administração**, Rio de Janeiro, v. 11, n. 5, 2017.

FAHEL, M.; TELES, L. R.; CAMINHAS, D. A. Para além da renda – uma análise da pobreza multidimensional no Brasil. **Revista Brasileira de Ciências Sociais**, v. 31, n. 92. 2016.

GAMA. B. S. *et al.* Permacultura e Tecnologias Sociais: bases conceituais. In: ALLAIN, L. R.; FERNANDES, G. W. R. (org.). **Tecnologias Sociais da Permacultura e Educação Científica**: Propostas inovadoras para um currículo interdisciplinar. São Paulo: Editora Livraria da Física, 2022. p. 30-47.

INSTITUTO TRATA BRASIL. **Água, Saneamento e Sustentabilidade**: o papel crucial do saneamento em áreas rurais. Disponível em: https://tratabrasil.org.br/agua-saneamento-e-sustentabilidade-o-papel-crucial-do-saneamento-em-areas-rurais/. Acesso em: 02 jun. 2023.

LOUREIRO, C. F. **Sustentabilidade e educação**: um olhar da ecologia política. São Paulo: Cortez, 2012.

MARTINS, A. G.; OLIVEIRA, A. C. R.; PEREIRA, F. R.; CRUZ, G. F. F.; MARTINS, R. A. S.; SILVA, I. R. M. Situação de estudo baseada na Bacia de Evapotranspiração. *In*: ALLAIN, L. R.; FERNANDES, G. W. R. (org.). **Tecnologias Sociais da Permacultura e Educação Científica**: Propostas inovadoras para um currículo interdisciplinar. São Paulo: Editora Livraria da Física. 2022. p. 141-160.

MASSENA, E. P. (org.). **Situação de Estudo:** Processo de significação pela pesquisa em grupos interinstitucionais. Ijuí: Ed. Unijuí, 2016.

MINAS GERAIS. **Currículo Referência de Minas Gerais**. Minas Gerais: SEE, 2018. Disponível em: Disponível em: https://bit.ly/3p42GPx. Acesso em: 5 jun. 2019.

NASCIMENTO, E. P. Trajetória da sustentabilidade: do ambiental ao social, do social ao econômico. **Estudos Avançados**, v. 26, n. 74, 51-64. 2012.

NETO, A. K.; DOS ANJOS, G. M.; BRANDOLFF, R. S.; GOES, T. P.; DA SILVA, J. F. Fatores relacionados à saúde pública e ao saneamento básico em comunidade rural de Barreiras, Bahia, Brasil. **Revista Baiana de Saúde Pública**, v. 41, n. 3, p.668-684, 2018.

PRANDI, D.; MAXIMO, L. M.; LIMA, M. T. L. S. Corrigindo os rumos? Conflitos e contradições na conformação dos Objetivos de Desenvolvimento Sustentável das Nações Unidas. *In*: SEMINÁRIO DE RELAÇÕES INTERNACIONAIS, II, 2015. Caruaru. **Anais [...]**. Caruaru, Faculdades Asces. 2015. p. 1-20. Disponível em: http://repositorio.asces.edu.br/handle/123456789/156. Acesso em: 14 jun. 2023.

PESSOA, A.; HORA, K.E. Saneamento ecológico. *In*: DIAS, A. P. *et al.* (org.). **Dicionário de Agroecologia e Educação**. São Paulo: Expressão Popular, p. 669-675, 2021.

ROSA, C. D. S. **Ambientar**: uma proposta permacultural para o ambiente urbano. 2022. 30p. Monografia (especialização) – Curso de Especialização em Permacultura, Universidade Federal de Santa Catarina, Centro de Ciências da Educação, Florianópolis, 2022.

SCARANO, F. R.; PADGURSCHI, M. C G.; FREIRE, L. M.; FORNERO AGUIAR, A. C.; CARNEIRO, B. R. L.; PIRES, A. P. F. Para além dos Objetivos do Desenvolvimento Sustentável: desafios para o Brasil. **Revista Bio Diverso**, Porto Alegre, v. 1, p. 3-21. 2021.

SILVA, D. S. Articulações entre Agenda 2030, Objetivos do Desenvolvimento Sustentável – ODS e Base Nacional Comum Curricular – BNCC. *In*: CONGRESSO INTERNACIONAL MEDIA ECOLOGY AND IMAGE STUDIES, 2., 2019. **Memórias [...]**. Portugal: Ria Editorial, p. 252-271. 2019. Disponível em: http://meistudies.org/index.php/cmei/2cmei/index Acesso em: 14 jun. 2023.

SILVA, F. N. S. LIMA, L. R. F. C.; MORADILLO, E. F. DE; MASSENA, E. P. Educação do campo e ensino de ciências no Brasil: uma revisão dos últimos dez anos. **Revista Brasileira de Ensino de Ciências e Tecnologia**, v. 12, n. 1, p. 221-239, jan./abr. 2019.

SILVA, C. E. M. Desenvolvimento sustentável. *In*: CALDART, R. S. *et al.* **Dicionário da Educação do Campo**. São Paulo: Expressão Popular, 2012a, p. 204-209.

SILVA, C. E. M. Sustentabilidade. *In*: CALDART, R. S.; *et al.* **Dicionário da Educação do Campo**. São Paulo: Expressão Popular, 2012b, p. 728-731.

SNIS. Sistema Nacional de Informações Sobre Saneamento. **Indicadores e variáveis de saneamento básico**. Disponível em: http://antigo.snis.gov.br/diagnosticos. Acesso em: 31 maio 2023.

VIZEU, F.; MENEGHETTI, F. K.; SEIFERT, R. E. Por uma crítica ao conceito de desenvolvimento sustentável. **Cadernos EBAPE.BR**, v. 10, n. 3, p. 569–583, 2012.

CAPÍTULO 12

Fundamentos da Metodologia de Pesquisa DBR-TLS: contribuições sobre a inserção da Física Moderna e Contemporânea no ensino médio de Física

Carlos Alexandre dos Santos Batista[1]
Maxwell Siqueira[2]

Introdução

COM mais de cinquenta anos de existência, o Ensino de Física brasileiro vem tentando acompanhar as demandas da educação científica e tecnológica para o século XXI, visando melhorar a qualidade da prática de ensino e da aprendizagem estudantil em sala de aula, dialogando sempre com as tendências educacionais nacionais e estrangeiras.

Sua identidade histórico-cultural, especialmente nos países de influências ocidentais, tem sido marcada pelas influências contextuais de situações mundiais decorrentes da guerra-fria, guerra tecnológica, advento da globalização, era atual da ciência, da tecnologia, da informação e comunicação (KRASILCHIK, 2000); e das emergências ambientais e humanitárias

1 Professor Assistente da Universidade Estadual do Sudoeste da Bahia (UESB) - campus Vitória da Conquista -BA. É pesquisador e membro integrante do Grupo de Pesquisa: Ensino de Física (CNPQ); e do Grupo de Pesquisa Apeiron: Grupo de História, Filosofia e Ensino de Ciências. E-mail: carlos.batista@uesb.edu.br

2 Professor Titular da Universidade Estadual de Santa Cruz (UESC), docente do Programa de Pós-Graduação em Educação em Ciências e Matemática (PPGECM) e Mestrado Nacional Profissional em Ensino de Física (MNPEF). Licenciado em Física pela Universidade Federal de Juiz de Fora (UFJF), Mestre em Ensino de Ciências e Doutor em Educação pela Universidade de São Paulo (USP). Desenvolve pesquisas relacionadas a atualização curricular com foco na inserção da Física Moderna e Contemporânea na educação básica e formação de professores na interface entre Didática e Currículo. E-mail: mrpsiqueira@uesc.br

provocadas pelas mudanças climáticas, crises energéticas e sanitárias (pandemias), pelas desigualdades e injustiças socioeconômicas e movimentos negacionistas contra a ciência (SANTOS; AULER, 2011; MOURA, 2019). Por essa razão, é impossível encarar o ensino de física alienadamente, isto é, como uma atividade acadêmico-científica e/ou profissional isolada de seu contexto social, político, econômico, científico, tecnológico, cultural e ambiental; bem como de suas realidades locais, regionais, nacionais e globais, que fomentam uma formação educacional básica preconizada pelo ideal de alfabetização científica e tecnológica e exercício pleno da cidadania (SASSERON; CARVALHO, 2011).

Não obstante, existe um consenso de que o Ensino de Ciências/Física ainda não conseguiu superar a profunda crise relativa à necessária atualização e/ou renovação curricular de novos conteúdos, metodologias e objetivos educacionais condizentes com as demandas contextuais já observadas (DELIZOICOV; ANGOTTI; PERNAMBUCO, 2011). O que inclui superar também muitos desafios inerentes à formação docente inicial e permanente e ressignificar as investigações acadêmico-científicas no contexto das práticas de ensino no ambiente escolar.

Por exemplo, um dos grandes desafios do Ensino de Ciências/Física é superar a *velha tradição pedagógica de transmissão de conhecimento*, mediante o desenvolvimento de pesquisas focadas na prática de ensino em sala de aula. Isso porque, embora vários discursos curriculares, pedagógicos e políticos expressem ideias de ensino centrado na classe estudantil e na ideia de aprender a aprender, na prática, o ensino de física continua: centrado na ação docente; orientado por objetivos educacionais comportamentalistas forjados na metade do século XX; parametrizado por um currículo escolar orientados por competências e habilidades exclusivamente cognitivista; operacionalizado pelo modelo narrativo de aulas expositivas; abordando saberes a ensinar antigos, descontextualizados e desatualizados; refém de uma aprendizagem mecânica de conteúdo sem significado, que fortalece exclusivamente a *cultura da testagem* (provas, exames nacionais e internacionais), que segue, ano após ano, sem nenhum tipo de questionamento sobre a sua validade enquanto instrumento de avaliação do desenvolvimento estudantil humano e integral (MOREIRA, 2017; 2018).

Para superar essa profunda crise, a comunidade do Ensino de Ciências/ Física vem criando e consolidando importantes linhas investigativas, atentas aos anseios da educação científica e tecnológica. Proficuamente, têm-se explorado no ensino o aporte da história, filosofia e sociologia da ciência; a inserção da física moderna e contemporânea (FMC) no currículo da educação básica; as atividades experimentais de baixo custo e simulações computacionais; as tecnologias digitais da informação e da comunicação; as relações entre ciência, tecnologia, sociedade e ambiente; incluindo perspectivas construtivistas como a abordagem temática freireana; o ensino por investigação; as situações de estudo; a aprendizagem baseada na resolução de problemas e suas diferentes articulações.

Nesse contexto, existe um apelo urgente sobre a necessidade de fundamentação e alinhamento teórico, metodológico, didático, educacional e epistemológico das investigações acadêmico-científicas, que focam o ensino e a aprendizagem de conteúdos *em e sobre a ciência* (DAMASIO; PEDUZZI, 2017). Justamente porque a construção de conhecimentos sobre o sistema didático (tríade docente-saber-estudante), fundamentados em dados e evidências, deve instrumentalizar a compreensão crítica sobre *como, quando e porque* as inovações curriculares podem ou não ocorrer na prática de ensino em sala de aula (MEHEUT; PSILLOS, 2004; LIJSEN; KLAASSEN, 2004; TIBERGHIEN; VINCE; GAIDIOZ, 2009; KNEUBIL; PIETROCOLA, 2017).

Considerando esse amplo contexto do Ensino de Ciências/Física, este capítulo apresenta alguns fundamentos da metodologia de pesquisa *Design Based Research* (*DBR*)[3] e sua sublinha *Teaching Learning-Sequences* (TLS) – Pesquisa Baseada em *Design*/Projeto[4] e Sequência de Ensino e Aprendizagem – visando instrumentalizar futuras investigações que focam na produção de conhecimentos didáticos resultantes do desenvolvimento, implementação e avaliação de sequências de ensino e aprendizagem sobre tópicos de FMC. Para tanto, seu conteúdo está orientado pelas seguintes perguntas: *Qual é a origem*

---

3 Feita esta identificação da DBR como uma metodologia de pesquisa, ao longo do texto será utilizado apenas o termo, metodologia DBR.

4 Essa referência do termo *Design*/projeto é uma interpretação compreendida pelo *modus operandi* da metodologia DBR pelas áreas da arquitetura e da engenharia (MATTA; SILVA; BOAVENTURA, 2014).

e o objetivo da metodologia DBR e da TLS? Qual é a principal característica da metodologia DBR e da TLS e como podem ser definidas? Qual a relação entre a metodologia DBR e a TLS? Que fundamentos teóricos, didáticos, educacionais, epistemológicos e metodológicos se entrelaçam na estrutura de uma TLS? Que contribuições de pesquisa sobre a inserção da FMC podem ser exemplificadas a partir da metodologia DBR-TLS?

Fundamentos da Metodologia DBR-TLS

Para a primeira pergunta – *Qual é a origem e o objetivo da metodologia DBR e da TLS?* –, pontua-se que esta metodologia de pesquisa foi forjada no contexto europeu, no início dos anos 1990 e operacionalizada na educação, a partir dos trabalhos de Brown e Collins, em 1992 (MATTA; SILVA; BOAVENTURA, 2014; SILVA; MONTANHA; SIQUEIRA, 2020). Já a sigla DBR, como representação dessa metodologia, foi observada pela *América Education Research Association* (COLLECTIVE, 2003). Adjacente a isso, a *TLS* foi proposta no final do ano de 1990 e início de 2000 por um conjunto de pesquisadoras e pesquisadores de diferentes universidades europeias. Consequentemente, são publicados diversos trabalhos acadêmico-científicos sobre inovações curriculares envolvendo o ensino de tópicos específicos, óptica, calor, eletricidade, estrutura da matéria, dentre outros (LIJNSE, 1994; KATTMANN *et al.*, 1995; LEACH; SCOTT, 2002; LIJSEN; KLAASSEN, 2004; MEHEUT; PSILLOS, 2004; BATISTA; SIQUEIRA, 2017; SILVA, MONTANHA, SIQUEIRA, 2020).

Em termos objetivos, a *metodologia DBR* instrumentaliza a comunidade à busca de respostas teóricas e práticas para a latente *crise no Ensino de Ciências.* Crise essa que tem se materializado na necessária renovação do currículo escolar mediante a superação de metodologias tradicionais de ensino – modelo narrativo de aulas expositivas centrada no professor e resolução de exercícios a lápis e papel; objetivos educacionais comportamentalistas – cognitivistas; conteúdos desatualizados; concepções e crenças de senso comum sobre o processo de ensino e aprendizagem e a função social da educação científica e tecnológica; incluindo a promoção da reflexão crítica sobre a construção da identidade docente, do ensino com profissão, de competências, conhecimentos e saberes fundamentais à docência; e as mudanças de hábitos e atitudes sobre a prática de ensino em sala de aula (COLLECTIVE, 2003; FOUREZ, 2003; LIJSEN; KLAASSEN, 2004; MÉHEUT; PSILLOS, 2004; TIBERGHIEN; VINCE; GAIDIOZ, 2009; NICOLAU; GURGEL; PIETROCOLA, 2013; BATISTA, 2015; BATISTA; SIQUEIRA, 2015, 2017, 2019; MOREIRA, 2017, 2018).

Nessa perspectiva, a *metodologia DBR* apresenta-se como um aporte que permite alinhar aspectos teóricos da produção acadêmico-científica com a prática de ensino em sala de aula, fundamentando estudos de curta e de média duração. O que inclui a organização de atividades de ensino e aprendizagem alinhadas ao papel da ação docente e de suas crenças e concepções pedagógicas. Em consonância, a *TLS* viabiliza a construção de conhecimentos epistemologicamente didáticos, determinantes para as mudanças de concepções e práticas de ensino e aprendizagem instituídas pela velha tradição pedagógica. Ou seja, conhecimentos que são frutos da compreensão crítica sobre a interação docente-estudante-saber escolar contextualmente localizados (KNEUBIL; PIETROCOLA, 2017; BATISTA; SIQUEIRA, 2019).

Para a segunda pergunta – *Qual é a principal característica da DBR e da TLS e como podem ser definidas?* Um aspecto importante da metodologia DBR consiste na aproximação de condicionantes relativos à estrutura e ao funcionamento das escolas e das práticas de ensino de professoras e professores de ciências/física, entendendo os limites e possibilidades das propostas educacionais em produzir melhorias efetivas no ensino e na aprendizagem estudantil. Já uma característica fundamental da *TLS* é a sua condição de sublinha da *metodologia DBR*, considerando o processo de atualização e renovação curricular a partir de conteúdos científicos cuidadosamente selecionados, organizados e ensinados em sequências de ensino e aprendizagem com uma duração de no máximo doze aulas. Em função dessas características, *a metodologia DBR* pode ser definida como uma perceptiva de investigação que combina o componente teórico da pesquisa com o empírico da prática de ensino para responder quando e porque as inovações educacionais podem funcionar ou não (COLLECTIVE, 2003; LIJSEN; KLAASSEN, 2004; MEHEUT; PSILLOS, 2004; SILVA; MONTANHA; SIQUEIRA, 2020).

Nessa perspectiva, a *TLS* pode ser definida como uma pesquisa de desenvolvimento cíclico e evolucionário, envolvendo uma inter-relação entre *design*/projeto, implementação e avaliação de sequências didáticas sobre um assunto, tópico de ensino, ministrado em poucas semanas. Ela é tanto um instrumento da atividade de pesquisa intervencionista quanto um produto empiricamente adaptado ao contexto de sala de aula e ao nível de desenvolvimento estudantil afetivo, cognitivo, psicomotor e social (LIJNSE, 1994; BATISTA, 2015; BATISTA; SIQUEIRA, 2017). Ademais, em seu núcleo duro, a *metodologia DBR* possui um gerenciamento de controle do processo de desenvolvimento e implementação das inovações educacionais em contextos escolares, desde a ideia inicial do *design*/projeto até a sua efetiva implementação e avaliação. Com isso, uma das principais vantagens desta metodologia é a sua flexibilidade em alinhar e operacionalizar diferentes aportes teóricos.

Em sua essência, a metodologia DBR orienta os *princípios de design* mediante concepções e premissas educacionais, epistemológicas e demandas de ensino e aprendizagem que orientam a concepção/desenvolvimento de um projeto didático. Para tanto, ela operacionaliza o gerenciamento do processo de escolha de conhecimentos específicos, materiais instrucionais, estrutura curricular, organização das atividades didáticas em uma perspectiva de engenharia didática para projetar a *TLS*. Por esse gerenciamento, é possível vislumbrar o "produto" *TLS* que será desenvolvido, implementado e avaliado a partir do contexto de em sala de aula.

Posteriormente, a avaliação de uma TLS permite a produção de resultados que podem corroborar para aperfeiçoar a *TLS* em um momento de *re-design*, retornando aos *princípios de design*. Esse processo cíclico, juntamente com a incorporação de resultados na própria metodologia *DBR*, denota o seu caráter dinâmico. Por conseguinte, a análise global desse processo cíclico leva tanto ao refinamento do *design*/projeto quanto ao suprimento da própria metodologia *DBR*, expressando seu duplo objetivo de aprimoramentos teóricos e práticos. Todavia, quando algum aspecto do projeto não funciona, a equipe deve considerar diferentes perspectivas e opiniões para melhorar a concepção deste na prática e instituir as mudanças tanto quanto necessárias (MATTA; SILVA; BOAVENTURA, 2014; KNEUBIL; PIETROCOLA, 2017).

Vale destacar que o uso do termo engenharia didática serve para observar que a operacionalização da metodologia *DBR*, em geral, é feita por uma equipe composta por pesquisadores e por professoras/res que estão efetivamente exercendo a docência nas escolas (KNEUBIL; PIETROCOLA, 2017). Porém, isso não impede que seus fundamentos sejam operacionalizados individualmente por docentes que estejam em processo de formação continuada, tendo como meta a inovação de suas próprias práticas de ensino. Por exemplo, pesquisas em contexto de mestrado profissional em Ensino de Ciências e de Física; em espaços de formação inicial em disciplinas de estágio supervisionado, prática de ensino e/ou, até mesmo, em programas oficiais de iniciação à Docência como o PIBID e residência pedagógica. Isso é possível, pois, ao final do processo operacional da metodologia *DBR*, os produtos educacionais esperados são: materiais didáticos, estruturas curriculares, propostas de cursos, novos conhecimentos teóricos, práticos e de princípios, transferíveis para outros contextos de intervenção (BATISTA; SIQUEIRA, 2015, 2017; 2019; SILVA; MONTANHA; SIQUEIRA, 2020).

Contudo, nesse processo operacional, o pesquisador/coordenador não adentra a sala de aula, como acontece geralmente em pesquisas educacionais a nível de pós-graduação *stricto sensu* e/ou *lato sensu*. Pelo contrário, sua função é orientar a equipe na modelagem do design/projeto com a discussão crítica de fundamentos, objetivos e pressupostos teóricos e metodológicos que amparam o desenvolvimento, implementação e avaliação da *TLS*. Outra função importante é realizar experiências de formação e gerenciar o processo como um todo, desde a criação de uma ideia até a sua efetiva implementação e avaliação em contexto escolar (MATTA; SILVA; BOAVENTURA, 2014; KNEUBIL; PIETROCOLA, 2017). A partir desse destaque, é possível responder mais uma pergunta: *Qual a relação entre a metodologia DBR e a TLS?*

Acerca disso, no Ensino de Ciências/Física, a *TLS* pode ser considerada como uma sublinha da metodologia *DBR*, pois considera e delimita a inovação curricular mediante a noção de "qualidade didática" e implementação de conteúdos específicos, "tópicos de ensino". De acordo com Lijsen e Klaassen (2004), essa qualidade didática está associada à ideia de que, embora seja uma ilusão conceber uma melhor maneira de ensinar um tópico de ensino específico, é possível distinguir caminhos didáticos viáveis de outros que não são viáveis, especialmente identificando e/ou produzindo evidências sobre "como" e "por que" que esses caminhos são possíveis. Por essa razão, enquanto a *TLS* consiste, ao mesmo tempo, no instrumento de inovação e produto de uma experiência da prática de ensino, a metodologia *DBR* orienta seu planejamento, gerenciamento, implementação e avaliação. Dessa forma, o foco principal da relação entre a *DBR-TLS* é preencher a lacuna da dimensão didática do conhecimento sobre a prática de Ensino de Ciências/Física no contexto escolar.

Por exemplo, alguns pesquisadores afirmam que, entre o nível teórico e a prática de ensino, existe um nível intermediário que é pouco explorado nas investigações sobre o ensino e aprendizagem, envolvendo aspectos e situações reais de sala de aula, que são deixadas a cargo da atividade docente. Justamente por isso, acredita-se que a relação *DBR-TLS* pode preencher essa lacuna com produção de conhecimentos didáticos fundamentados em dados e evidências sobre a inserção de tópicos de física moderna e contemporânea em aulas de ciências/física.

Por sua vez, essa íntima relação *DBR-TLS* pode ser ampliada por mais uma pergunta, a saber: *Que fundamentos teóricos, didáticos, educacionais, epistemológicos e metodológicos se entrelaçam na estrutura de uma TLS?* Focando na preocupação de produzir conhecimentos didáticos, no desenvolvimento de uma *TLS*, o pesquisador e sua equipe consideram a relação docente-saber-estudante, articulando duas dimensões fundamentais que compõem a estrutura teórica da *TLS*, a pedagógica e a epistêmica. Na dimensão pedagógica, encontra-se a interação docente-estudante; e na epistêmica, a relação entre o conhecimento científico e o mundo vivencial relativo ao contexto escolar e ao seu entorno sociocultural, isto é, o mundo marcado pelas demandas educacionais fomentadas pela era atual da ciência, da tecnologia, da informação e das emergências globais e humanitárias.

Metaforicamente, a estrutura teórica de uma *TLS* é ilustrada pela figura geométrica de um losango, cuja linha, no eixo horizontal, representa a dimensão pedagógica mediadora da interação entre dois vértices opostos, ocupados pelos componentes: docente – de um lado –; e estudante – do outro. Já a linha no eixo vertical, representa a dimensão epistêmica da relação entre conhecimento científico (saber sábio) – vértice superior – e o mundo vivencial da classe estudantil – vértice inferior do losango. Uma imagem dessa figura pode ser observada nos trabalhos (MÉHEUT; PSILLOS, 2004; BATISTA, 2015; BATISTA; SIQUEIRA, 2017). A partir dessa estrutura, a dimensão pedagógica é fundamentada em aportes educacionais com concepções epistemológicas mais gerais sobre a aprendizagem humana (antropológicas, humanísticas e psicogenéticas); incluindo teorias de aprendizagem específicas e perspectivas educacionais (Alfabetização Científica Tecnológica; CTS e/ou CTSA) amparadas por essas concepções e focadas no processo de ensino e aprendizagem de conceitos científicos e do desenvolvimento de valores afetivos, ambientais, éticos, morais e sociais, incluindo habilidades cognitivas, procedimentais e psicomotoras.

Na dimensão epistêmica, a relação entre o conhecimento científico (saber sábio) e o mundo vivencial é amparada pelos aportes epistemológicos que analisam o desenvolvimento da ciência, da prática científica e do contexto histórico-cultural de produção, comunicação e a validação do conhecimento científico, de modo a fornecer subsídios para a transformação desses conhecimentos em saberes a ensinar. Ao mesmo tempo, no contexto escolar, a aprendizagem desses conhecimentos visa à instrumentalização intelectual estudantil para construir novas leituras críticas sobre o mundo vivencial e o seu entorno sociocultural. Especialmente em termos de capacidade e exercício de uma cidadania autônoma, crítica, consciente, moderada e reflexiva, nas tomadas de decisões individuais e coletivas que são fomentadas pelas demandas e emergências do mundo moderno e contemporâneo.

Nesse contexto dimensional, educacional e epistêmico, o desenvolvimento de uma *TLS* conta com seis fases importantes. A fase 1: identificação das motivações contextuais (locais, regionais e globais) que o conhecimento científico apresenta em relação ao componente do mundo vivencial da classe estudantil. A fase 2: estreitamento epistemológico, didático-pedagógico entre as motivações contextuais e o conhecimento científico, de modo a despertar o interesse afetivo da classe estudantil pelo tópico de ensino. A fase 3: ampliação do conhecimento estudantil, por exemplo, suas concepções prévias sobre o conhecimento científico, a partir das motivações contextuais, despertando a necessidade de aprofundar o entendimento conceitual do tópico de ensino. A fase 4: aplicação de conhecimento em situações reais da vida cotidiana, mediante posicionamento intelectual e autônomo nas tomadas de decisões implicadas pelo tópico de ensino em questão. A fase 5: reflexão sobre a construção de conhecimento sobre o tópico de ensino, visando orientações teóricas mais abrangentes. A fase 6: avaliação do processo de ensino e aprendizagem para entender em que medida as dimensões epistêmica e pedagógica foram fundamentais para mediar a interação docente-saber-estudante e a relação entre conhecimento científico e mundo vivencial.

A partir dessas fases, a *TLS* pode ser avaliada de duas maneiras distintas: uma avaliação interna, cujas reflexões apontam para a análise da implementação e dos resultados obtidos com uma mesma classe estudantil; e uma avaliação externa, cujas comparações são realizadas entre modelos de ensino (modelo narrativo de aulas expositivas x modelos inovadores operacionalizados pela *TLS*) a partir de grupos de controle. É importante destacar que, geralmente, esse tipo de avaliação não é bem-vista pelos educadores e pesquisadores brasileiros do Ensino de Ciências/Física justamente por questões éticas que atravessam a concepção das pesquisas educacionais, quais sejam, não tratar a classe de estudantes como cobaias de pesquisas educacionais clínicas. Não obstante, para ilustrar como a metodologia *DBR-TLS* tem sido operacionalizada na inserção de tópicos de física moderna e contemporânea no ensino de física, na próxima seção tenta-se responder à pergunta: *Que contribuições de pesquisa sobre a inserção da FMC podem ser exemplificadas a partir da metodologia DBR-TLS?*

Algumas contribuições sobre a inserção da FMC no Ensino Médio de Física

Antes de pontuar algumas contribuições da metodologia *DBR-TLS* para o ensino médio de FMC na educação básica, é importante destacar que ela tem sido operacionalizada também pelas pesquisas acadêmico-científicas relativas ao ensino de biologia e de química (TAMIOSSO; PIGATTO, 2020), demonstrando que suas potencialidades têm sido reconhecidas pelo Ensino de Ciências da Natureza como um todo.

Não obstante, considerando a pergunta: *Que contribuições de pesquisa sobre a inserção da FMC podem ser exemplificadas a partir da metodologia DBR-TLS?* É possível destacar diversos trabalhos encontrados na literatura, desenvolvidos a nível de mestrado acadêmico, cujos resultados foram comunicados em eventos da área e publicados nos principais periódicos especializados do Ensino de Ciências/Física (NICOLAU JUNIOR, 2014; BATISTA, 2015, BATISTA; SIQUEIRA, 2015, 2017, 2019; SILVA, 2017; SILVA; MONTANHA; SIQUEIRA, 2020). Sem pretender descrever cada um desses trabalhos, devido à limitação deste capítulo, a qual impõe uma necessidade de descrição breve, é possível sinalizar rapidamente o seguinte: o estudo de Nicolau Junior (2014) tem como foco a inserção do tópico de FMC da relatividade especial no ensino médio; o estudo de Batista (2015), a inserção do tópico radioatividade; o estudo de Silva (2017), o tópico "aceleradores de partículas".

Discutindo brevemente o estudo de Batista e Siqueira (2015; 2017; 2019), a operacionalização da metodologia DBR-TLS proporcionou, no primeiro momento da investigação, conceber o *design*/projeto da sequência de ensino e aprendizagem sobre o tópico radioatividade a partir da importância desse saber a ensinar, para problematizar uma situação real, envolvendo o contexto social local e regional em que as escolas públicas de ensino médio estavam inseridas. Qual seja, o motivo global (fase 1 da *TLS*), fomentado por um empreendimento nacional, de extração, transporte e depósito de minério de ferro a céu aberto, na região do Sul da Bahia, envolvendo uma das maiores jazidas de urânio do mundo (BATISTA, 2015).

Considerando esse motivo global e as demais fases da *TLS*, a sequência de ensino e aprendizagem (SEA) – Radioatividade foi projetada, levando em conta as demandas da literatura do ensino de física, relativas à transformação da produção acadêmica sobre a FMC em intervenção prática de sala de aula (PEREIRA; OSTERMANN, 2009); a articulação das dimensões (epistêmica e pedagógica) da estrutura teórica da *TLS*, fundamentando-se nas teorias da Transposição Didática de Yves Chevallard; da aprendizagem significativa de David Ausubel; e das situações didática de Guy Brousseau. Nesse processo, a primeira SEA – Radioatividade resultou em doze aulas de cinquenta minutos cada, sendo implementada no ensino de física no contexto de um curso de segurança do trabalho de nível médio. Pautando-se na avaliação interna da *TLS*, os resultados da primeira implementação, relativos à aprendizagem estudantil da radioatividade, permitiram observar a existência de lacunas para o processo de ensino-aprendizagem, que exigiam uma nova reestruturação (em quantidade de aulas) e modificação de suas atividades (BATISTA; SIQUEIRA, 2017).

Como resultado desse processo, projetou-se um redesenho da SEA-Radioatividade, reduzindo sua quantidade de aulas para oito; reorganizando suas atividades práticas (instabilidade nuclear e quebra-cabeça radioativo); ampliando o primeiro questionário de sondagem sobre os conhecimentos prévios dos estudantes; e incluindo um segundo questionário (com situações reais, nas quais os estudantes precisavam refletir na tomada de decisões). A nova SEA-Radioatividade foi novamente implementada em outro contexto escolar, e sua avaliação permitiu que os conhecimentos didáticos produzidos fossem publicados por Batista e Siqueira (2017; 2019).

Portanto, mesmo com essa brevíssima descrição, é possível demonstrar que a metodologia *DBR-TLS* tem cumprido um papel fundamental para a inserção de tópicos de FMC no ensino médio, fundamentando a construção de conhecimentos didáticos em resposta às questões acerca do como, quando e porque a inovações curriculares, de fato, podem se materializar no contexto de ensino-aprendizagem em sala de aula da educação básica (BATISTA; SIQUEIRA, 2019). Nesse sentido, a seguir, pontuam-se algumas considerações finais, visando incentivar, ainda mais, a operacionalização da metodologia *DBR-TLS* em função da sua proficuidade teórica e metodológica.

Considerações finais

Considerando os desafios para o ensino de física neste século, acreditamos que o potencial da metodologia *DBR-TLS* deve ser cada vez mais explorado em todas as instâncias das investigações acadêmico-científicas sobre a atualização curricular e renovação de conteúdos de ensino, metodologias e objetivos educacionais. Por exemplo, para ampliar a produção dos conhecimentos didáticos sobre a inserção de tópicos de FMC em sala de aula da educação básica, seria muito interessante explorar a metodologia *DBR-TLS* em projetos de formação inicial e permanente de professores, respectivamente: em disciplinas de práticas de ensino, de estágio supervisionado, em projetos do PIBID e da residência pedagógica; em mestrado acadêmico do Ensino de Ciências, como já se tem feito, e mestrado profissional em ensino de física, haja vista que, nesse espaço formativo, existe uma preocupação real e um nobre objetivo de transformar a prática docente pelas pesquisas realizadas pelos próprios professores e professoras da educação básica. Nesse sentido, vale muito a pena "esperançar"!

Referências

BATISTA, C. A. S. **Física Moderna e Contemporânea no Ensino Médio**: subsídios teórico- metodológicos para a sobrevivência do tópico radioatividade em ambientes reais de sala de aula. 2015. 142p. Mestrado (Dissertação) – Mestrado em Ensino de Ciências, Universidade Estadual de Santa Cruz, Ilhéus, 2015.

BATISTA, C. A. S.; SIQUEIRA, M. A inserção da Física Moderna e Contemporânea em ambientes reais de sala de aula: uma sequência de ensino-aprendizagem sobre a radioatividade. **Caderno Brasileiro de Ensino de Física**, Florianópolis, v. 34, n. 3, p. 880-902, dez. 2017.

BATISTA, C. A. S.; SIQUEIRA, M. Análise Didática de uma Atividade Lúdica sobre a "Instabilidade Nuclear". **Gôndola, Enseñanza y Aprendizaje de las Ciencias**, Bogotá, v. 14, n. 1, p. 126-142, 2019.

BATISTA, C. A. S.; SIQUEIRA, M. Um olhar da Transposição Didática para uma Sequência de Ensino sobre Radioatividade Baseada na Estrutura da TLS. *In:* SIMPÓSIO NACIONAL DE ENSINO DE FÍSICA, 22., 2015, Uberlândia. **Anais [...]**. São Paulo: SBF, 2015, p. 1-12.

COLLECTIVE Design-Based Research: An Emerging Paradigm for Educational Inquiry. **Educational Researcher**, v. 32, n. 5, p. 1-5, 2003.

DAMASIO, F.; PEDUZZI, L. O. Q. História e filosofia da ciência na educação: para quê? **Ensaio: Pesquisa em Educação em Ciências**, Belo Horizonte, v. 19, e2583, p. 1-19, 2017.

DELIZOICOV, D.; ANGOTTI, J. A.; PERNAMBUCO, M. M. **Ensino de Ciências:** fundamentos e métodos. São Paulo: Cortez, 2011.

DUIT, R.; GROPENGIEBER, H; KATTMANN, U; KOMOREK, M. A model of Educational Reconstruction – A framework for improving teaching and learning science. *In* JORDE, D.; DILLON, J. (Eds.), **Science education research and practice in Europe**: Retrospective and prospective. Rotterdam: Sense Publishers, p. 13-472012.

FOUREZ, G. Crise no Ensino de Ciências. **Investigações em Ensino de Ciências**, Porto Alegre, v. 8, n. 2, p. 109-123, 2003.

KNEUBIL, F. B.; PIETROCOLA, M. A pesquisa baseada em design: uma visão geral e contribuições para o ensino de Ciências. **Investigações em Ensino de Ciências**, v. 22, n. 2, p. 01–16, 2017.

KRASILCHIK, M. Reformas e realidade: o caso do ensino das ciências. **São Paulo em Perspectiva**, São Paulo, v. 14, n. 1, p. 85-93, 2000.

LEACH, J.T.; SCOTT, P.H. The concept of learning demand and approaches to designing and evaluating science teaching sequences. **Studies in Science Education**, v. 38, n. 1, p. 115-42, 2002.

LIJNSE, P. L. La recherche-développement: une voie vers une "structure didactique" de la physique empiriquement fondée. **Didaskalia**, v. 3, p. 93-108, 1994.

LIJNSE, P; KLAASSEN, C. W. J. M. Didactical structures as an outcome of research on teaching-learning sequences? **International Journal of Science Education**, London, v. 26, n. 5, p. 537-554, 2004.

MATTA, A. E. R.; SILVA, F. P. S.; BOAVENTURA, E. M. Design-Based Research ou Pesquisa de Desenvolvimento: metodologia para pesquisa aplicada de inovação em educação do século XXI. **Revista da FAEEBA – Educação e Contemporaneidade**, Salvador, v. 23, n. 42, p. 23-36, jul./dez. 2014.

MEHEUT, M.; PSILLOS, D. Teaching-learning sequences: Aims and tools for science education research. **International Journal of Science Education**, London, v. 26, n. 5, p. 515-535, abr. 2004.

MOREIRA, M. A. Ensino de Física no Século XXI: desafios e equívocos. **Revista do Professor de Física**, Brasília, v. 2, n. 3, p. 80-94, 2018.

MOREIRA, M. A. Grandes desafios para o ensino de física na educação contemporânea. **Revista do Professor de Física,** Brasília, v. 1, n. 1, p. 1-13, 2017.

MOURA, C. B. O Ensino de Ciências e a Injustiça Social - questões para o debate. **Caderno Brasileiro de Ensino de Física**, Florianópolis, v. 36, n. 1, p. 1-7, 2019.

NICOLAU, J. **Estrutura didática baseada em Fluxo**: Relatividade Restrita para o Ensino Médio. 2014. 262p. Mestrado (Dissertação) – Mestrado em Ensino de Ciências – Faculdade de Educação, Universidade de São Paulo, São Paulo, 2014.

NICOLAU, J.; GURGEL, I.; PIETROCOLA, M. Estrutura baseada em Fluxo: sequências de ensino-aprendizagem sobre Relatividade do Tempo. *In*: ENCONTRO NACIONAL DE PESQUISA EM EDUCAÇÃO EM CIÊNCIAS, 9., 2013, Florianópolis. **Anais [...]**. Florianópolis-SC, 2013.

PEREIRA, A. P.; OSTERMANN, F. Sobre o Ensino de Física Moderna e Contemporânea: uma revisão da produção acadêmica recente. **Investigações em Ensino de Ciências**, v. 14, n. 3, p. 393-420, 2009.

SANTOS, W. L. P.; AULER, D. **CTS e educação científica:** desafios, tendências e resultados de pesquisa. Brasília: Editora UnB, 2011.

SASSERON, L. H.; CARVALHO, A. M. P. Alfabetização Científica: uma revisão bibliográfica. **Investigação em Ensino de Ciências**, Porto Alegre, v. 16, n. 1, p. 59-77, 2011.

SILVA, Y. A. R.; MONTANHA, L.; SIQUEIRA, M. Aceleradores e detectores de partículas no ensino médio: uma sequência de ensino-aprendizagem. **Caderno Brasileiro de Ensino de Física**, Florianópolis, v. 37, n. 2, p. 1-31, 2020.

SILVA, Y. A. R. **Aceleradores e detectores de partículas no Ensino Médio**: uma sequência de Ensino-Aprendizagem. 2017. 217f. Mestrado (Dissertação) – Mestrado em Educação em Ciências, Universidade Estadual de Santa Cruz, Ilhéus, 2017.

TAMIOSSO, R. T.; PIGATTO, A. G. S. A Pesquisa Baseada em Design: mapeamento de estudos relacionados ao Ensino de Ciências da Natureza. **Revista Educar Mais**, Pelotas, v. 4, n. 1, p. 156-171, 2020.

TIBERGHIEN, A.; VINCE, J.; GAIDIOZ, P. Design-based Research: Case of a teaching sequence on mechanics. **International Journal of Science Education**, London, v. 31, n. 17, p. 2275–2314, 2009.

Sobre os Organizadores

Geraldo W. Rocha Fernandes é licenciado em Física pela Universidade de Viçosa (UFV), mestre em Educação Científica e Tecnológica pela Universidade Federal de Santa Catarina (UFSC), Brasil, mestre e doutor em Ciências da Educação pela Universidade de Lisboa (UL), Portugal. Atualmente, é professor de Ensino de Ciências no Programa de Pós-Graduação em Educação em Ciências, Matemática e Tecnologia (PPGECMaT) e no Departamento de Ciências Biológicas da Universidade Federal dos Vales do Jequitinhonha e Mucuri (UFVJM), Brasil. Coordena o Grupo de Estudos e Pesquisas em Abordagens e Metodologias em Ensino de Ciências (GEPAMEC) e desenvolve pesquisas na área de Ensino em Ciências, com especial destaque para a Didática das Ciências, Formação de Professores e Tecnologias Digitais.
Email: geraldo.fernandes@ufvjm.edu.br

Luciana Resende Allain é licenciada em Ciências Biológicas pela Universidade Federal de Minas Gerais, mestre e doutora em Educação pela mesma universidade. Atualmente desenvolve ações de ensino, pesquisa e extensão como professora da Universidade Federal dos Vales do Jequitinhonha e Mucuri, Campus Diamantina – MG. É professora do Departamento de Ciências Biológicas e do Programa de Pós-graduação em Educação em Ciências, Matemática e Tecnologia da UFVJM. Coordena o Grupo de Estudos e Práticas em Permacultura (GEPP) e o Grupo de Estudos em Teoria Ator-Rede e Educação (GETARE). Desenvolve pesquisas na área de Ensino de Ciências e Biologia, com ênfase em formação de professores, metodologias de ensino, questões sociocientíficas e diálogos entre conhecimentos tradicionais e científicos.
Email: luciana.allain@ufvjm.edu.br